国家海洋创新评估系列报告

国家海洋创新指数报告
2023～2024

刘大海　何广顺　王春娟　著

科学出版社

北　京

内 容 简 介

本报告以海洋创新数据为基础，构建了国家海洋创新指数，客观分析了我国海洋创新现状与发展趋势，通过对国家、区域和沿海城市的海洋创新指数得分的计算，定量评价了我国国家、区域海洋创新能力，同时探讨了我国海洋工程装备国产化进程。

本报告既是海洋领域专业科技工作者和研究生、大学生的参考用书，又是海洋管理和决策部门的重要参考资料，并可为全社会认识和了解我国海洋创新发展提供窗口。

图书在版编目（CIP）数据

国家海洋创新指数报告.2023-2024/刘大海等著.—北京：科学出版社，2024.6

（国家海洋创新评估系列报告）

ISBN 978-7-03-077395-1

Ⅰ.①国… Ⅱ.①刘… Ⅲ.①海洋经济-技术革新-研究报告-中国-2023-2024 Ⅳ.① P74

中国国家版本馆 CIP 数据核字（2024）第 004361 号

责任编辑：朱 瑾 习慧丽/责任校对：郑金红
责任印制：赵 博/封面设计：无极书装

科 学 出 版 社 出版
北京东黄城根北街 16 号
邮政编码：100717
http://www.sciencep.com
北京富资园科技发展有限公司印刷
科学出版社发行 各地新华书店经销
*
2024 年 6 月第 一 版 开本：889×1194 1/16
2025 年 1 月第二次印刷 印张：5 3/4
字数：188 000
定价：168.00 元
（如有印装质量问题，我社负责调换）

《国家海洋创新指数报告2023～2024》学术委员会

主　　任：李铁刚

委　　员：玄兆辉　　高学民　　杨　峥　　朱迎春　　高　峰
　　　　　高润生　　潘克厚　　段晓峰

顾　　问：丁德文　　金翔龙　　吴立新　　曲探宙　　辛红梅
　　　　　秦浩源　　魏泽勋　　马德毅　　余兴光　　徐兴永
　　　　　王宗灵　　雷　波　　温　泉　　石学法　　王保栋
　　　　　冯　磊　　王　源

著　　者：刘大海　　何广顺　　王春娟

编 写 组：刘大海　　王春娟　　辛庞晨雨　　孙先乐　　肖源鑫
　　　　　邓　鹏　　张欣梦　　甘佳男　　　张　媛　　李成龙
　　　　　杨晓阳　　刘邦岐　　陈建均　　　王金平　　杨　照
　　　　　鲁景亮　　林香红　　张洪珲　　　张潇娴　　张树良
　　　　　肖仙桃　　吴秀平　　刘燕飞　　　牛艺博　　薛明媚
　　　　　魏艳红

测 算 组：刘大海　　王春娟　　刘邦岐　　　邓　鹏
　　　　　辛庞晨雨　孙先乐　　肖源鑫　　　张欣梦　　甘佳男
　　　　　张　媛　　杨晓阳　　李成龙

著者单位：自然资源部第一海洋研究所
　　　　　国家海洋信息中心
　　　　　中国科学院西北生态环境资源研究院
　　　　　崂山实验室

前　言

全面建设社会主义现代化国家，实现第二个百年奋斗目标，创新是一个决定性因素。党的十九大报告指出，"创新是引领发展的第一动力"，要"加强国家创新体系建设，强化战略科技力量"。党的二十大报告强调"坚持创新在我国现代化建设全局中的核心地位"。"十三五"时期是我国全面建成小康社会的决胜阶段，是实施创新驱动发展战略、建设海洋强国的关键时期。进入"十四五"时期后，2021年中央经济工作会议提出的八项重点任务中将强化国家战略科技力量排在了首位。

海洋创新是国家创新的重要组成部分，也是实现海洋强国战略的动力源泉。党的十九大报告提出"实施区域协调发展战略""坚持陆海统筹，加快建设海洋强国""要以'一带一路'建设为重点，坚持引进来和走出去并重""加强创新能力开放合作，形成陆海内外联动、东西双向互济的开放格局"。党的二十大报告又强调"发展海洋经济，保护海洋生态环境，加快建设海洋强国"。《中华人民共和国国民经济和社会发展第十四个五年规划和2035年远景目标纲要》第三十三章内容为"积极拓展海洋经济发展空间"，对坚持陆海统筹和加快建设海洋强国提出了新的要求。

为响应国家海洋创新战略、服务国家创新体系建设，自然资源部第一海洋研究所自2006年着手开展海洋创新指标的测算工作，并于2013年启动国家海洋创新指数的研究工作。在国家海洋局 [①] 领导和有关专家学者的帮助与支持下，国家海洋创新评估系列报告自2015年以来已经出版中英文版14本，《国家海洋创新指数报告2023～2024》是该系列报告的第15本。

《国家海洋创新指数报告2023～2024》基于海洋经济统计、科技统计和科技成果登记等权威数据，从海洋创新环境、海洋创新资源、海洋知识创造和海洋创新绩效4个方面构建指标体系，定量测算了2004～2022年我国海洋创新指数。本书客观评价了我国国家和区域海洋创新能力，切实反映了我国海洋创新的质量和效率。

《国家海洋创新指数报告2023～2024》由自然资源部第一海洋研究所海岸带科学与海洋发展战略研究中心组织编写，中国科学院西北生态环境资源研究院和崂山实验室参与编写，国家海洋信息中心、科学技术部战略规划司等单位和部门提供了数据支持，中国科学技术发展战略研究院在评价体系与测算方法方面给予了技术支持。在此对参与编写和提供数据与技术支持的单位及个人，一并表示感谢。

希望国家海洋创新评估系列报告能够成为全社会认识和了解我国海洋创新发展的窗口。本报告是国家海洋创新指数研究的阶段性成果，敬请各位同仁批评指正，编写组会汲取各方面专家学者的宝贵意见，不断完善国家海洋创新评估系列报告。

刘大海　何广顺　王春娟

2024年6月

---

① 2018年3月，根据第十三届全国人民代表大会第一次会议批准的国务院机构改革方案，将国家海洋局的职责整合；组建中华人民共和国自然资源部，自然资源部对外保留国家海洋局牌子；将国家海洋局的海洋环境保护职责整合，组建中华人民共和国生态环境部；将国家海洋局的自然保护区、风景名胜区、自然遗产、地质公园等管理职责整合，组建中华人民共和国国家林业和草原局，由中华人民共和国自然资源部管理；不再保留国家海洋局。

目 录

第一章 从数据看我国海洋创新

在海洋强国建设和"一带一路"倡议的大背景下，我国海洋创新发展不断取得新成就，自主创新能力大幅度提升，科技竞争力和整体实力显著增强，部分领域达到国际先进水平，海洋创新环境条件明显改善，海洋创新硕果累累。

海洋创新人力资源结构持续优化。研究与试验发展（research and experimental development，R&D）人员总量和折合全时工作量稳步上升，R&D 人员学历结构逐步优化。

海洋创新经费稳中有降。海洋科研机构的 R&D 经费略有下降，适应高质量发展趋势。海洋科研机构的 R&D 经费构成有所变化，2022 年 R&D 日常性支出显著高于 R&D 资产性支出，二者占比分别为 80.46% 和 19.54%。海洋科研机构的固定资产和科学仪器设备逐年递增。

海洋创新成果持续增长。海洋科研机构的海洋科技论文发表量波动增长，出版海洋科技著作种类增长显著，海洋领域专利申请受理量、授权量均涨势强劲。

第一节　海洋创新人力资源结构持续优化

海洋创新人力资源是海洋强国和创新型国家的主导力量与战略资源，海洋创新科研人员的综合素质决定了国家海洋创新能力提升的速度和幅度。海洋 R&D 人员是重要的海洋创新人力资源，突出反映了一个国家海洋创新人力资源的储备状况。海洋 R&D 人员是指海洋科研机构本单位人员、外聘研究人员，以及在读研究生中参加 R&D 课题的人员、R&D 课题管理人员、为 R&D 活动提供直接服务的人员。

一、R&D 人员总量和折合全时工作量稳步上升

2005～2022 年，我国海洋科研机构的 R&D 人员总量和折合全时工作量总体呈现稳步上升态势（图 1-1）。2005～2006 年，R&D 人员总量和折合全时工作量增长相对较缓；2006～2007 年，二者均涨势迅猛，增长率分别为 119.10% 和 88.16%；2007～2014 年，二者保持稳步增长；2014～2015 年，R&D 人员总量略有下降；2015～2016 年，二者再次出现明显增长，增长率分别为 13.68% 和 6.55%；2016～2017 年，R&D 人员总量略有下降，R&D 人员折合全时工作量略有上升；2017～2018 年，R&D 人员总量和折合全时工作量显著增长，增长率分别为 23.66% 和 24.86%；2018～2019 年，R&D 人员总量和折合全时工作量增长幅度下降，但依然保持增长态势，增长率分别为 2.57% 和 3.38%；2019～2020 年，R&D 人员总量和折合全时工作量涨势迅猛，增长率分别为 42.00% 和 40.19%；2020～2021 年，R&D 人员总量略有增加，增长相对较缓，R&D 人员折合全时工作量略有下降。2021～2022 年，R&D 人员总量平稳增长，R&D 人员折合全时工作量迅猛增长，增长率分别为 4.33% 和 33.15%。

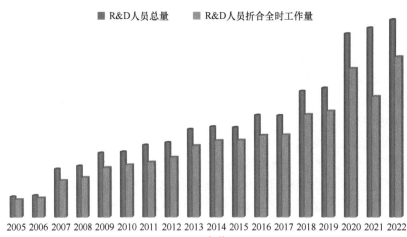

图 1-1　2005～2022 年我国海洋科研机构 R&D 人员总量和折合全时工作量的变化趋势

二、R&D 人员学历结构逐步优化

2012～2022 年，我国海洋科研机构 R&D 人员中博士毕业人员数量保持增长，占比呈现波动上升趋势。2022 年博士毕业人员数量比 2020 年显著增加。2022 年博士毕业和硕士毕业人员分别占 R&D 人员总量的 42.10% 和 28.50%（图 1-2）；2022 年 R&D 人员学历结构较 2021 年保持平稳。其中，博士毕业人员数量和占比 2022 年最高，比 2012 年增长了 10.46 个百分点；本科毕业人员数量呈现波动增长态势，占比在 2012～2022 年大多下降，2022 年仅为 19.81%。

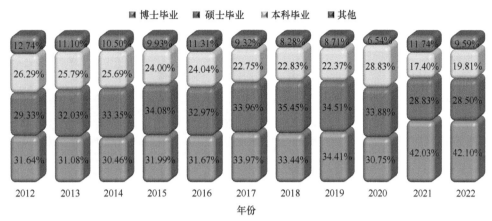

图 1-2 2012~2022 年我国海洋科研机构 R&D 人员的学历结构

第二节 海洋创新经费规模稳中有降

R&D 活动是创新活动的核心组成部分，不仅是知识创造和自主创新能力的源泉，还是全球化环境下吸纳新知识和新技术能力的基础，更是反映科技与经济协调发展和衡量经济增长质量的重要指标。海洋科研机构的 R&D 经费是重要的海洋创新经费，能够有效地反映国家海洋创新活动规模，客观评价国家海洋科技实力和创新能力。

一、R&D 经费规模略有下降

2005~2022 年，我国海洋科研机构的 R&D 经费支出总体保持增长态势（图 1-3），年均增长率达 22.33%。2007 年是 R&D 经费支出迅猛增长的一年，年增长率达 145.18%。R&D 经费内部支出是 R&D 经费支出的主要部分，是指当年为进行 R&D 活动而实际用于机构内的全部支出。2022 年 R&D 经费内部支出占比与 2021 年相比提高 3.18 个百分点，为 98.12%。

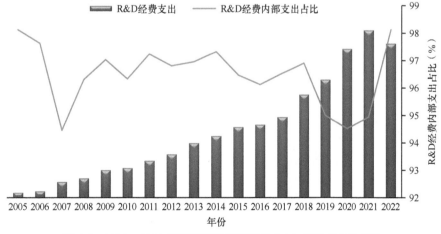

图 1-3 2005~2022 年我国海洋科研机构 R&D 经费支出的变化

R&D 经费占海洋生产总值的比例通常作为国家海洋科研经费投入强度的指标，反映国家海洋创新资金投入强度。2005~2022 年，该指标整体呈现增长态势，年均增长率为 10.83%；2017 年与 2016 年基本持平，2020 年该比例明显增加，2021 年与 2020 年基本持平，2022 年较 2021 年有所下降（图 1-4）。

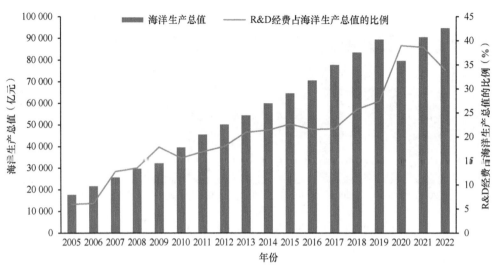

图 1-4　2005～2022 年我国海洋科研机构 R&D 经费占海洋生产总值的比例变化

二、R&D 经费构成有所变化

2019 年科学研究和技术服务业统计调查报表制度更新，根据《研究与试验发展（R&D）投入统计规范（试行）》，R&D 经费内部支出由 R&D 日常性支出和 R&D 资产性支出构成，其中 R&D 日常性支出由人员劳务费和其他日常性支出构成，R&D 资产性支出由土地与建筑物支出、仪器与设备支出、资本化的计算机软件支出、专利和专有技术支出等构成。

从 R&D 经费内部支出构成来看，2022 年 R&D 日常性支出显著高于资产性支出，二者占比分别为 80.46% 和 19.54%（图 1-5）。

从活动类型来看，2022 年 R&D 日常性支出中用于基础研究的经费占 31.71%，用于应用研究的经费占 39.70%，用于试验发展的经费占 28.59%（图 1-6），其中用于应用研究和基础研究的经费占比较高。基础研究是构建科学知识体系的关键环节，加强基础研究是提升源头创新能力的重要环节。目前我国的基础研究正处于从量的积累向质的飞跃、从点的突破向系统能力提升的重要时期，海洋领域基础研究的发展趋势与现阶段我国科技发展趋势相一致，基本投入和结构组成逐渐科学化、合理化。

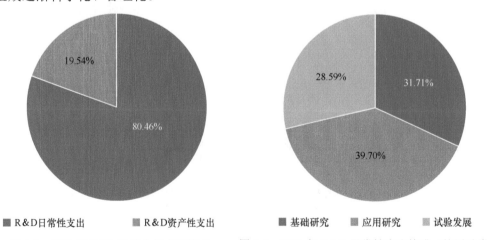

图 1-5　2022 年 R&D 经费内部支出构成　　　图 1-6　2022 年 R&D 日常性支出构成（按活动类型）

从经费来源来看，2022 年 R&D 日常性支出的主要经费来源是政府资金、企业资金和事业单位资金。2022 年政府资金、企业资金和事业单位资金占比分别为 78.32%、16.87% 和 3.01%（图 1-7），政府资金是 R&D 日常性支出的重要经费来源。

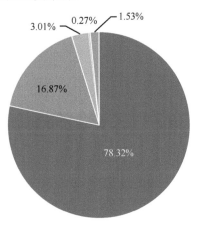

图 1-7　2022 年 R&D 日常性支出构成（按经费来源）

三、固定资产和科学仪器设备逐年递增

固定资产是指能在较长时间内使用，消耗其价值，但能保持原有实物形态的设施和设备，如房屋和建筑物等，构成要素包括耐用年限在一年以上和单位价值在规定标准以上。2005～2022 年，我国海洋科研机构的固定资产持续增长（图 1-8），年均增长率为 21.08%。固定资产中的科学仪器设备是指从事科技活动的人员直接使用的科研仪器设备，不包括与基建配套的各种动力设备、机械设备、辅助设备，也不包括一般运输工具（用于科学考察的交通运输工具除外）和专用于生产的仪器设备。2005～2022 年，我国海洋科研机构固定资产中的科学仪器设备保持增长态势（图 1-8），年均增长率为 23.67%。

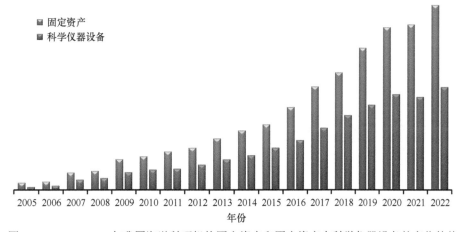

图 1-8　2005～2022 年我国海洋科研机构固定资产和固定资产中科学仪器设备的变化趋势

第三节　海洋创新成果持续增长

知识创新是国家竞争力的核心要素，创新成果是指科学研究与技术创新活动所产生的各种形式的成果。较高的海洋知识扩散与应用能力是创新型海洋强国的共同特征之一。海洋创新成果是国家海洋科技创新水平和能力的重要体现，也是投入产出体系中能够体现科技产出的重要部分，集中反

映了国家海洋原始创新能力、创新活跃程度和技术创新水平。海洋科技论文、著作和发明专利等是反映知识创新与产出能力的重要指标，其中，论文、著作的数量和质量一般直接反映海洋科技的原始创新能力，专利申请受理量和授权量、专利所有权转让及许可收入则更加直接地反映海洋创新活动程度和技术创新水平。

一、海洋科技论文发表量波动增长

海洋科技论文是指海洋领域科技统计中报告年度在学术期刊上发表的最初的科学研究成果，统计范围为在全国性学报或学术刊物上、省部属大专院校对外正式发行的学报或学术刊物上发表的海洋科技论文，以及向国外发表的海洋科技论文。2005～2022 年我国海洋科技论文发表量呈现小幅度波动，但整体保持增长态势，其中我国海洋科技论文发表量出现 4 次小幅度波动（图 1-9），分别在 2010 年、2015 年、2017 年、2021 年，这四年我国海洋科技论文发表量均比上年小幅度下降，其他年份均呈现增长态势。2022 年海洋科技论文发表量约为 2005 年的 6.98 倍，年均增长率为 12.11%。

国外发表海洋科技论文数量和占比在 2005～2022 年呈现一定的波动（图 1-9），数量波动出现在 2015 年，占比波动变化较频繁，分别出现在 2008 年、2009 年、2011 年、2015 年和 2018 年，但整体仍呈现增长态势。2019 年，我国海洋领域向国外发表的海洋科技论文占比超过 50%，为 51.47%。2020 年，该比例升高至 55.63%。2022 年，该比例进一步上升到 60.65%。这表明除了极个别年份，2005～2022 年我国海洋领域的国外发表论文数量呈现上升趋势。

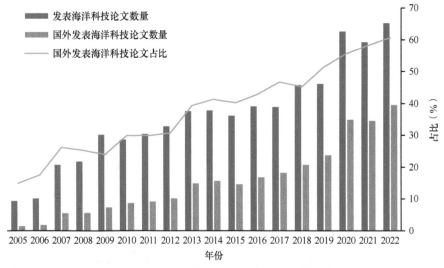

图 1-9　2005～2022 年我国海洋科技论文发表量

二、出版海洋科技著作种类增长显著

科技著作是指经过正式出版部门编印出版的科技专著、大专院校教科书、科普著作。2005～2022 年我国出版海洋科技著作种类总体呈现增长态势（图 1-10），年均增长率为 12.67%。其中，2008～2009 年我国出版海洋科技著作种类快速增长，增长率为 64.47%；2018～2019 年我国出版海洋科技著作种类增长率达到 8.94%；2012～2022 年我国出版海洋科技著作种类年均增长率为 9.74%。

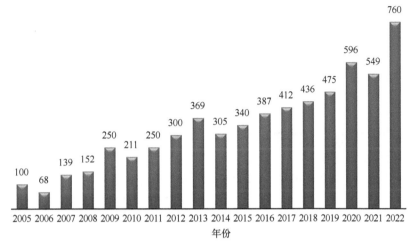

图 1-10　2005～2022 年我国出版海洋科技著作种类的变化

三、海洋领域专利涨势强劲

专利申请受理量是指调查单位在报告年度向国内外知识产权行政部门提出专利申请并被受理的件数。2005～2022 年，我国海洋科研机构专利申请受理量总体呈现增长态势（图 1-11），年均增长率为 20.95%。2005～2006 年及 2015～2016 年专利申请受理量出现负增长，2012～2015 年显著增长，2017～2022 年稳步回升，2022 年达到最高。

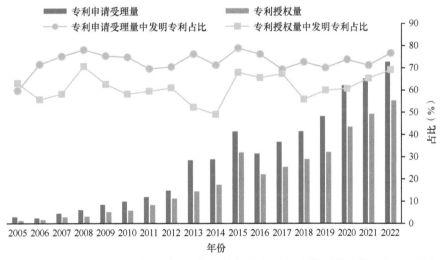

图 1-11　2005～2022 年我国海洋科研机构专利申请受理量和授权量的变化及发明专利占比

发明专利申请受理量是指调查单位在报告年度向国内外知识产权行政部门提出发明专利申请并被受理的件数。2005～2022 年，我国海洋科研机构发明专利申请受理量呈现不同程度的波动，但整体也是上升趋势，2022 年达到最高。2005～2022 年我国海洋科研机构专利申请受理量中发明专利占比也呈现不同程度的波动，其中 2005 年占比最低，为 59.69%，2015 年占比最高，为 78.89%，2022 年为 76.64%（图 1-11）。我国海洋领域专利申请受理量中发明专利占比均超过 50%，这说明目前我国海洋领域专利技术研发居多，创新潜力较大。

专利授权数量是指报告年度由国内外知识产权行政部门向调查单位授予专利权的件数。

2005～2022 年，我国海洋科研机构专利授权数量总体上增长，2022 年最高，数量增长以 2015 年为界分为两个阶段，分别是 2005～2014 年和 2016～2022 年的稳步增长阶段，年均增长率分别为 34.77% 和 16.64%。

发明专利授权数量是指报告年度由国内外知识产权行政部门向调查单位授予发明专利权的件数。2005～2022 年，我国海洋科研机构发明专利授权数量总体呈现增长态势，年均增长率为 25.41%。在 2005～2018 年，2015 年发明专利授权数量最高。2022 年发明专利授权数量超过 2021 年，达到新高。我国海洋科研机构专利授权数量中发明专利占比较高，仅 2014 年为 49.00%，其他年份均超过 50%，其中 2008 年最高，为 70.57%，2022 年为 69.12%。

专利所有权转让及许可量是指报告年度调查单位向外单位转让专利所有权或允许专利技术由被许可单位使用的件数，其中一项专利多次许可算一件。2009～2021 年，我国海洋科研机构专利所有权转让及许可量总体呈现增长态势，年均增长率为 31.87%，以 2021 年为最高，2022 年出现下降趋势（图 1-12）。

专利所有权转让及许可收入是指报告年度调查单位向外单位转让专利所有权或允许专利技术由被许可单位使用而得到的收入。2009～2022 年，我国海洋科研机构专利所有权转让及许可收入呈现波动变化态势，年均增长率为 17.98%，2022 年专利所有权转让及许可收入为 2009 年的 8.58 倍，但是相比 2020 年呈现下降趋势，仅为 2021 年的 78.56%。

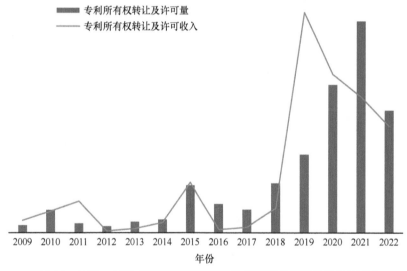

图 1-12　2009～2022 年我国海洋科研机构专利所有权转让及许可变化

第二章　国家海洋创新指数评价

国家海洋创新指数是一个综合指数，由海洋创新环境、海洋创新资源、海洋知识创造和海洋创新绩效4个分指数构成。考虑海洋创新活动的全面性和代表性，以及基础数据的可获取性，本书选取19个指标（指标体系见附录一），以反映海洋创新的质量、效率和能力。

设定2004年我国国家海洋创新指数得分为基数100分，则2022年国家海洋创新指数得分为365分，较上年增长27分，2004～2022年国家海洋创新指数的年均增长率为7.46%，说明我国海洋创新能力稳步提升。

海洋创新环境分指数总体呈现稳步增长态势，2004～2022年年均增长率达4.16%，其中，沿海地区人均海洋生产总值的正向贡献最大，涨势最明显。2021年与2022年海洋创新环境分指数得分较2020年显著提升，增长率转负为正。

海洋创新资源分指数总体呈现上升趋势，但与2021年相比，2022年有小幅度回落，2004～2022年年均增长率为7.39%。其中，海洋研究与发展经费投入强度及海洋研究与发展人力投入强度两个指标的年均增长率分别为9.83%和10.46%，是拉动海洋创新资源分指数上升的主要力量。

海洋知识创造分指数增长强劲，2004～2022年年均增长率达9.87%。本年出版科技著作种类数与万名R&D人员的发明专利授权数量两个指标增长较快，年均增长率分别达13.09%和11.21%，高于其他指标值，是推动海洋知识创造的分指数增长的主导力量。

海洋创新绩效分指数2004～2022年年均增长率为7.15%。有效发明专利产出效率在海洋创新绩效分指数的5个二级指标中增长较为快速，年均增长率为12.73%，对海洋创新绩效分指数的增长起着积极的推动作用。

第一节　海洋创新指数综合评价

一、国家海洋创新指数趋于平稳

根据创新指数测算方法，将 2004 年我国的国家海洋创新指数得分定为基数 100 分，则 2022 年国家海洋创新指数得分为 365 分（图 2-1），较上年提升 27 分，2004～2022 年国家海洋创新指数年均增长率为 7.46%。

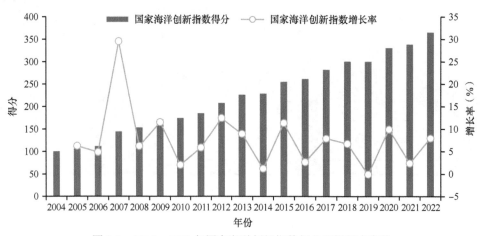

图 2-1　2004～2022 年国家海洋创新指数得分及增长率变化

2004～2022 年国家海洋创新指数得分总体呈现上升趋势，而增长率出现不同程度的波动，"十一五"期间，国家海洋创新指数得分由 2006 年的 111 分增长为 2010 年的 174 分，年均增长率达 11.86%，在此期间国家对海洋创新的投入逐渐加大，效果开始显现，越来越多的科研机构开始从事海洋研究，其中最为突出的是 2006～2007 年，增长率达到阶段性最大值，为 29.54%。"十二五"期间，国家海洋创新指数得分由 2011 年的 184 分增长为 2015 年的 254 分，年均增长率达到 8.37%。"十三五"期间，国家海洋创新指数得分由 2016 年的 261 分上升为 2020 年的 330 分，年均增长率为 6.04%。2022 年国家海洋创新指数继续保持稳定增长态势，得分为 365 分，较 2021 年的 338 分增长了 27 分，2004～2022 年年均增长率为 7.46%。

二、4 个分指数贡献不一，趋势变化略存差异

海洋创新环境、海洋创新资源、海洋知识创造和海洋创新绩效 4 个分指数对国家海洋创新指数的影响各不相同，呈现不同程度的上升态势（表 2-1，图 2-2）。其中，海洋创新环境分指数得分 2006 年超过国家海洋创新指数得分，2005 年与其持平，其余年份均低于国家海洋创新指数得分，2022 年得分为 208 分。2022 年海洋创新资源分指数得分与国家海洋创新指数得分最为接近，为 361 分；海洋知识创造分指数得分总体上高于国家海洋创新指数得分，说明海洋知识创造分指数对国家海洋创新指数的增长有较大的正向贡献；海洋创新绩效分指数得分涨势迅猛，2018 年较 2017 年增长 19.58%，2019 年、2020 年略有下降，2021 年开始上涨，2022 年也呈现上涨趋势，得分为 347 分。

表 2-1　2004～2022 年国家海洋创新指数及其分指数得分变化

年份	综合指数	分指数			
	国家海洋创新指数	海洋创新环境分指数	海洋创新资源分指数	海洋知识创造分指数	海洋创新绩效分指数
2004	100	100	100	100	100
2005	106	106	102	111	106
2006	111	113	105	109	118
2007	144	130	162	152	133
2008	153	132	172	164	145
2009	171	146	197	197	143
2010	174	144	199	195	160
2011	184	146	208	214	170
2012	207	159	221	251	199
2013	226	162	236	306	199
2014	229	174	239	288	214
2015	254	182	245	326	265
2016	261	186	253	345	261
2017	282	205	260	367	295
2018	301	200	292	359	352
2019	300	206	295	394	308
2020	330	189	367	458	307
2021	338	199	372	455	326
2022	365	208	361	544	347

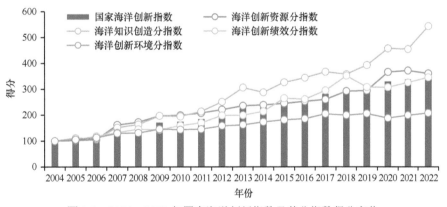

图 2-2　2004～2022 年国家海洋创新指数及其分指数得分变化

海洋创新环境是海洋创新活动顺利开展的重要保障。近年来，我国海洋创新的总体环境得到极大改善，2004～2022 年海洋创新环境分指数总体呈现稳步增长态势（表 2-1），年均增长率为 4.16%（图 2-3）。

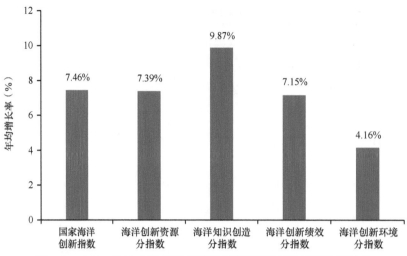

图 2-3　2004～2022 年国家海洋创新指数及其分指数的年均增长率

2004～2022 年，我国海洋创新资源分指数年均增长率为 7.39%，其中 2007 年增长率最高，为
53.90%；2020 年次之，为 24.53%；增长率超过 5% 的年份还有 2008 年、2009 年、2012 年、2013
年、2018 年，其余年份增长率均小于 5%；2022 年首次出现了负增长（表 2-2），年增长率为 –3.02%。
这体现了虽然我国海洋创新资源投入不断增加，但年际投入增量仍有所波动。

表 2-2　2004～2022 年国家海洋创新指数及其分指数的增长率变化（%）

年份	综合指数	分指数			
	国家海洋创新指数	海洋创新环境分指数	海洋创新资源分指数	海洋知识创造分指数	海洋创新绩效分指数
2004	—	—	—	—	—
2005	6.22	5.58	2.18	11.48	5.62
2006	4.85	6.79	3.04	−1.99	11.88
2007	29.54	15.17	53.90	39.36	12.46
2008	6.21	1.28	6.41	7.49	9.30
2009	11.51	10.94	14.42	20.40	−1.43
2010	2.04	−1.13	0.77	−1.16	11.42
2011	5.82	1.14	4.63	9.90	6.55
2012	12.39	8.73	6.17	17.35	16.91
2013	8.90	2.36	6.77	21.77	0.21
2014	1.21	6.97	1.26	−5.93	7.42
2015	11.33	4.72	2.54	13.40	23.71
2016	2.64	2.48	3.19	5.59	−1.39
2017	7.88	9.79	3.01	6.60	12.93
2018	6.74	−2.41	12.29	−2.41	19.58
2019	−0.09	3.00	0.79	9.77	−12.58
2020	9.91	−8.27	24.53	16.42	−0.24
2021	2.40	5.69	1.52	−0.66	6.01
2022	7.93	4.52	−3.02	19.49	6.38

2004～2022 年，海洋知识创造分指数对我国海洋创新能力大幅度提升的贡献较大，年均增长率达到 9.87%（图 2-3），2022 年增长率达到 19.49%。这表明我国海洋科研能力迅速增强，海洋知识创造及其转化应用为海洋创新活动提供了强有力的支撑。海洋知识创造能力的提高为增强国家原始创新能力、提高自主创新水平提供了重要支撑。

促进海洋经济发展是海洋创新活动的重要目标，是进行海洋创新能力评价不可或缺的组成部分。从近年来的变化趋势来看，我国海洋创新绩效稳步提升，但变化较为剧烈，2018 年年增长率高达 19.58%，而 2019 年出现负增长，增长率为 –12.58%（表 2-2）。2004～2022 年，我国海洋创新绩效分指数年均增长率达 7.15%，其中最高增长率出现在 2015 年，为 23.71%，2018 年次之，为 19.58%，2006 年、2007 年、2010 年、2012 年、2017 年增长率均在 10% 以上（表 2-2），2022 年增长率为 6.38%。

第二节　海洋创新环境分指数评价

海洋创新环境包括创新过程中的硬环境和软环境，是提升我国海洋创新能力的重要基础和保障。海洋创新环境分指数反映一个国家海洋创新活动所依赖的外部环境，主要是制度创新和环境创新。海洋创新环境分指数由沿海地区人均海洋生产总值、R&D 经费中设备购置费所占比例、海洋科研机构科技活动收入中政府资金所占比例、R&D 人员人均折合全时工作量 4 个二级指标组成。

一、海洋创新环境逐渐改善

2004～2022 年，海洋创新环境分指数得分总体呈现稳步增长态势（图 2-4），2022 年的得分为 208 分，年均增长率达 4.16%，其中 2007 年增长率最高，为 15.17%，达到峰值，其次是 2009 年，为 10.94%（表 2-2），2020 年得分明显下降，增长率为 –8.27%。不过海洋创新环境分指数得分在 2021 年与 2022 年均有明显上升，增长率分别为 5.69%、4.52%。

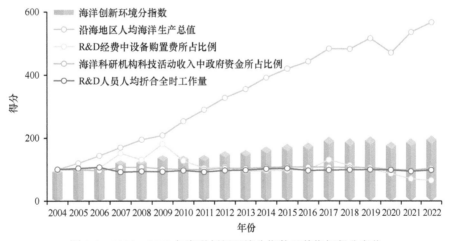

图 2-4　2004～2022 年海洋创新环境分指数及其指标得分变化

二、优势指标增长趋势显著，其他指标呈现小幅度波动

在海洋创新环境分指数的指标中，沿海地区人均海洋生产总值是优势指标，对海洋创新环境分指数的正向贡献最大，2004～2022 年的年均增长率为 10.12%，保持稳定上升趋势。

R&D 经费中设备购置费所占比例、海洋科研机构科技活动收入中政府资金所占比例和 R&D 人员人均折合全时工作量均存在小幅度波动。其中，R&D 经费中设备购置费所占比例指标的得分有一定的波动，总体呈现下滑趋势，最高值出现在 2009 年，之后便呈现下降趋势，由 2009 年的 181 分下降为 2022 年的 65 分。海洋科研机构科技活动收入中政府资金所占比例指标 2022 年得分为 104，增长率为 6.22%，2020 年得分为 100 分，与 2004 年持平，其余年份有小幅度波动，仅 2005 年、2006 年、2011 年和 2021 年指标得分小于 100。R&D 人员人均折合全时工作量指标的得分在 100 分上下波动，最高为 2006 年的 107 分，最低为 2007 年和 2011 年的 92 分，变动较小。

第三节　海洋创新资源分指数评价

海洋创新资源能够反映一个国家对海洋创新活动的投入力度。创新型人才资源的供给能力及创新所依赖的基础设施投入水平是国家持续开展海洋创新活动的基本保障。海洋创新资源分指数由海洋研究与发展经费投入强度、海洋研究与发展人力投入强度、R&D 人员中博士毕业人员占比、科技活动人员占海洋科研机构从业人员的比例、万名海洋科研人员承担的课题数 5 个二级指标构成，从资金投入、人力资源投入等角度对我国海洋创新资源的投入和配置能力进行评价。

一、海洋创新资源分指数平稳增长

2022 年海洋创新资源分指数得分为 361 分，与 2021 年的得分 372 分相比有所下降，下降幅度为 3.02%，2004～2022 年年均增长率为 7.39%。从历史变化情况来看，2004～2022 年海洋创新资源分指数总体呈现增长趋势，2007 年和 2020 年海洋创新资源分指数的涨幅较明显，增长率分别为 53.90% 与 24.53%；相对来讲，2010 年和 2019 年的增长率较低，分别为 0.77% 和 0.79%，2022 年指数得分首次出现下降，增长率为 –3.02%。

二、指标变化有升有降

从海洋创新资源分指数的 5 个二级指标得分的变化情况（图 2-5）来看，海洋研究与发展经费投入强度和海洋研究与发展人力投入强度两个指标得分整体上升趋势明显，年均增长率分别为 9.83% 和 10.46%，是拉动海洋创新资源分指数整体上升的主要动力；R&D 人员中博士毕业人员占比指标的得分在 2006～2012 年增长迅速，2012～2018 年有升有降，自 2019 年起呈现稳定增长趋势，其中 2022 年得分最高，为 380 分；科技活动人员占海洋科研机构从业人员的比例指标相对稳定，2017 年得分最高，为 141 分，2018～2019 年没有变动；万名海洋科研人员承担的课题数指标呈现一定的波动趋势，在 2008 年以前保持稳定增长，之后出现波动，直至 2018 年达到峰值，为 168 分，2019～2021 年均有所下降，2022 年增长为 164 分，增长率为 16.20%。

R&D 人员中博士毕业人员占比指标能够反映一个国家海洋科技活动的顶尖人才力量状况，2004～2022 年 R&D 人员中博士毕业人员占比指标呈现先较快上升，之后略有回落，再保持稳定增长的趋势，年均增长率为 7.70%。科技活动人员占海洋科研机构从业人员的比例指标能够反映一个国家海洋创新活动科研力量的强度，2004～2016 年该指标得分的年增长率基本持平，2017 年和 2018 年两年变动相对较大，2004～2022 年该指标的年均增长率为 1.07%。万名海洋科研人员承担的课题数指标能够反映海洋科研人员从事海洋创新活动的强度，其年度变化呈现波动状态，2004～2022 年的年均增长率为 2.79%，2006～2007 年增长率最高，为 19.64%。

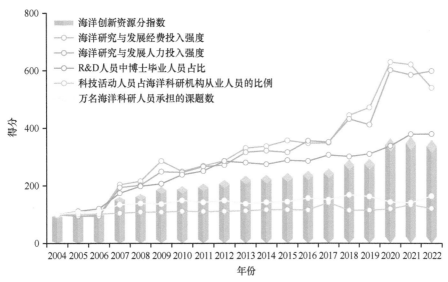

图 2-5 2004～2022 年海洋创新资源分指数及其指标得分变化

第四节 海洋知识创造分指数评价

海洋知识创造是创新活动的直接产出，能够反映一个国家海洋领域的科研产出能力和知识传播能力。海洋知识创造分指数由亿美元海洋经济产出的发明专利申请数、万名 R&D 人员的发明专利授权数量、本年出版科技著作种类数、万名海洋科研人员发表的科技论文数、国外发表的论文数占总论文数的比例 5 个二级指标构成，以此反映我国海洋知识创造能力和水平，这既能表达出科技成果产出效应，又综合考虑了发明专利、科技论文、科技著作等各种成果产出。

一、海洋知识创造分指数明显上升

从海洋知识创造分指数得分及增长率来看，我国的海洋知识创造分指数得分在 2004～2013 年总体呈现波动上升趋势，2014 年有所下降，得分从 2004 年的 100 分增长至 2013 年的 306 分，年均增长率达 13.23%；之后直至 2017 年保持稳定增长，2018 年稍有回落，2014～2020 年的年均增长率为 9.98%，但 2018 年与 2017 年相比，得分稍有回落；2022 年得分最高，为 544 分，2004～2022 年年均增长率为 9.87%。

二、5 个指标各有贡献

从海洋知识创造分指数的 5 个二级指标得分变化情况（图 2-6）来看，亿美元海洋经济产出的发明专利申请数指标波动幅度较大，2012～2013 年增长较快，由 182 分上升到 349 分，年增长率为 91.26%。

万名 R&D 人员的发明专利授权数量指标的得分在 2004～2017 年增长迅猛，得分由 2004 年的 100 分增长至 2017 年的 585 分，年均增长率为 14.55%；但 2018 年回落明显，降至 446 分；2019 年有所回升，增长至 521 分；2020 年再次回落，降至 503 分，2021 年有所上升，增长至 595 分，2022 年增长至 677 分。万名 R&D 人员的发明专利授权数量 2004～2022 年年均增长率为 11.21%，其中 2004～2013 年呈现波动上升趋势，2014～2015 年迅速增长，得分由 327 分上升到 475 分，年增长率为 45.23%，2016～2017 年的增长幅度也较大，年增长率为 18.60%。

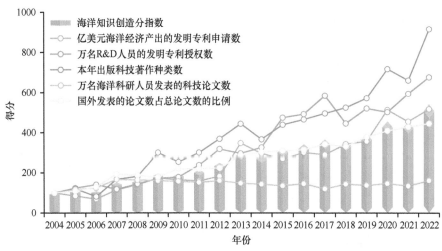

图 2-6　2004～2022 年海洋知识创造分指数及其指标得分变化

2004～2022 年，本年出版科技著作种类数指标的得分呈现总体增长态势，年均增长率为 13.09%。其中，2006～2007 年与 2008～2009 年是该指标的快速上升阶段，也是其增长最快的两个阶段，年增长率分别为 104.41% 与 65.56%；2010 年以后，本年出版科技著作种类数指标的得分波动上升，2014 年有所下降，2015 年开始上升，直至 2020 年得分较高，为 718 分，2021 年有所下降，降至 661 分，2022 年显著增加，为 916 分。

万名海洋科研人员发表的科技论文数即平均每万名海洋科研人员发表的科技论文数，反映了科学研究的产出效率。总体来看，该指标的得分呈现波动状态，2004～2022 年年均增长率为 2.71%，最高得分出现在 2007 年，为 167 分，2021 年为 135 分，2022 年为 162 分。

国外发表的论文数占总论文数的比例是指一国发表的科技论文中国外发表论文所占的比例，反映了科技论文的国际化普及程度。2004～2022 年，该指标得分增长相对较快，年均增长率为 8.67%。

第五节　海洋创新绩效分指数评价

海洋创新绩效分指数由海洋劳动生产率、单位能耗的海洋经济产出、海洋生产总值占国内生产总值的比例、有效发明专利产出效率、第三产业增加值占海洋生产总值的比例 5 个二级指标构成，以此反映我国海洋创新活动所带来的效果和影响。

一、海洋创新绩效分指数平稳上升后略有下降

从海洋创新绩效分指数的得分情况来看，我国的海洋创新绩效分指数从 2004 年的 100 分增长至 2018 年的 347 分，年均增长率为 7.15%。海洋创新绩效分指数总体而言呈现增长趋势，但近年来变化较为剧烈，2018 年得分为 352 分，增长率高达 19.58%，但在 2019 年增长率为 –12.58%，降至 308 分；2020 年略微下降，得分为 307 分；2021 年开始上涨，为 326 分；2022 年继续上升，达到 347 分。海洋创新绩效分指数 2015 年增长率最高，为 23.71%（表 2-2）。

二、5 个指标变化趋势差异明显

海洋劳动生产率是指海洋科技人员的人均海洋生产总值，反映海洋创新活动对海洋经济产出的作用。2004～2020 年，海洋劳动生产率指标的得分稳定增长，年均增长率为 8.10%，2021 年较

2020 年上涨 28 分，2022 年持续上涨，为 406 分，较 2021 年上升 14 分（图 2-7）。

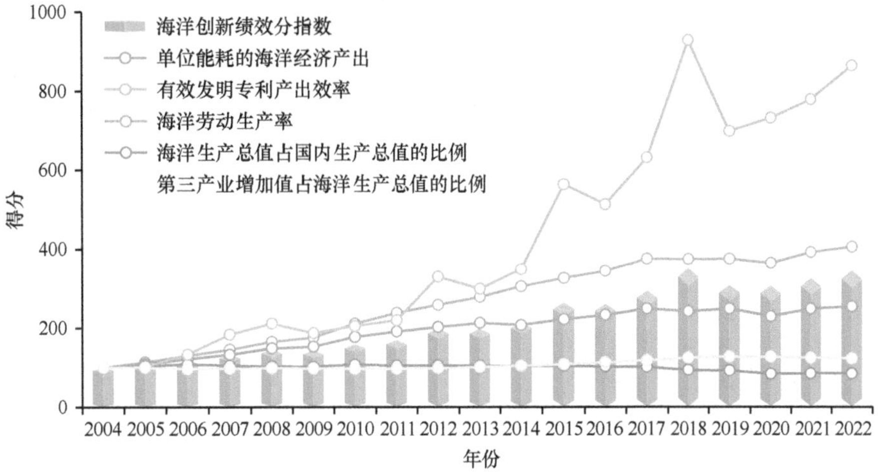

图 2-7　2004～2022 年海洋创新绩效分指数及其指标得分变化

　　单位能耗的海洋经济产出指标采用万吨标准煤能源消耗的海洋生产总值，测度海洋创新活动对减少资源消耗的效果，反映出一个国家海洋经济增长的集约化水平。2004～2022 年，单位能耗的海洋经济产出指标得分的年均增长率为 5.33%，呈现较为稳定的增长态势，2020 年呈现下降态势，比 2019 年减少 20 分，2021 年和 2022 年均呈现增长态势。

　　海洋生产总值占国内生产总值的比例指标反映海洋经济对国民经济的贡献，用来测度海洋创新活动对海洋经济的推动作用，该指标得分近年来呈现下降趋势，2020 年得分仅为 84 分；2021 年略微上涨，为 85 分；2022 年相比 2021 年持平，得分为 85 分。

　　有效发明专利产出效率是反映国家海洋创新产出能力与创新绩效水平的指标。总体来看，2004～2015 年我国海洋有效发明专利产出效率呈现上升趋势，2016 年稍有回落，2017～2018 年增长显著。2004～2018 年有效发明专利产出效率的年均增长率为 17.26%，2019 年呈现明显的下降趋势，得分回落到 698 分，2020 年得分回升，至 732 分，2021 年继续保持稳步增长，上升至 779 分（图 2-7），该指标仍是拉动海洋创新绩效分指数上升的重要指标，2004～2022 年的年均增长率为 12.73%。第三产业增加值占海洋生产总值的比例能够反映海洋产业结构优化程度和海洋经济提质增效的动力性能。从总体上看，该指标虽有一定波动，但相对较平稳，增长速度缓慢，2004～2022 年的年均增长率为 1.16%。

第三章　区域海洋创新指数评价

区域海洋创新是国家海洋创新的重要组成部分，深刻影响着国家海洋创新的格局。本章从行政区域、五大经济区和三大海洋经济圈等区域角度分析海洋创新的发展现状和特点，为我国海洋创新格局的优化提供科技支撑和决策依据。

《推动共建丝绸之路经济带和 21 世纪海上丝绸之路的愿景与行动》提出"利用长三角、珠三角、海峡西岸、环渤海等经济区开放程度高、经济实力强、辐射带动作用大的优势"。从"一带一路"发展思路和我国沿海区域发展角度分析，我国沿海地区应积极优化海洋经济总体布局，实行优势互补、联合开发，充分发挥环渤海经济区、长江三角洲经济区、海峡西岸经济区、珠江三角洲经济区和环北部湾经济区五大经济区的引领作用，推进形成我国北部、东部和南部三大海洋经济圈。

从我国沿海省（自治区、直辖市）的区域海洋创新指数来看，2022 年我国 11 个沿海省（自治区、直辖市）可分为 4 个梯次。其中，第一梯次为广东、山东、上海、海南和江苏；第二梯次为福建和浙江；第三梯次为广西、辽宁和天津；第四梯次为河北。

从五大经济区的区域海洋创新指数来看，2022 年区域海洋创新能力较强的地区为珠江三角洲经济区、海峡西岸经济区及长江三角洲经济区，这些地区均有区域创新中心，而且呈现多中心的发展格局。

从三大海洋经济圈的区域海洋创新指数来看，2022 年我国海洋经济圈呈现东部、南部较强而北部较弱的特点。东部海洋经济圈的区域海洋创新指数得分最高，南部海洋经济圈得分次之，北部海洋经济圈得分最低。

第一节　沿海省（自治区、直辖市）区域海洋创新梯次分明

一、区域海洋创新指数得分梯次分明

根据 2022 年区域海洋创新指数得分（表 3-1，图 3-1），可将我国 11 个沿海省（自治区、直辖市）划分为 4 个梯次。其中，第一梯次的区域海洋创新指数得分超过 40 分，第二梯次的得分为 30～40，第三梯次的得分为 20～30，第四梯次的得分较低，为 10～20。

表 3-1　2022 年沿海 11 个省（自治区、直辖市）区域海洋创新指数及其分指数得分

沿海省（自治区、直辖市）	综合指数	分指数			
	区域海洋创新指数	海洋创新环境分指数	海洋创新资源分指数	海洋知识创造分指数	海洋创新绩效分指数
广东	57.80	66.15	65.54	57.07	39.68
山东	49.42	37.64	74.37	52.63	22.65
上海	44.59	42.17	55.22	46.68	29.92
海南	44.17	52.92	53.18	31.94	35.71
江苏	41.84	23.41	62.53	42.60	30.00
福建	36.94	36.41	23.98	27.85	64.92
浙江	30.38	40.54	26.87	30.17	25.68
广西	29.03	30.40	16.99	46.75	26.24
辽宁	24.26	15.77	40.39	29.95	4.11
天津	21.86	25.44	11.66	32.03	22.14
河北	18.91	29.95	5.80	34.61	10.35

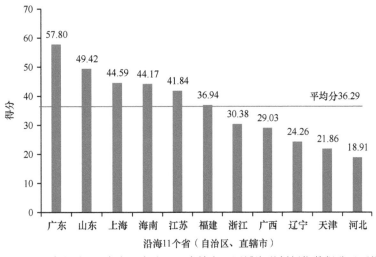

图 3-1　2022 年沿海 11 个省（自治区、直辖市）区域海洋创新指数得分及平均分

根据区域海洋创新指数得分，第一梯次为广东、山东、上海、海南和江苏，得分分别为 57.80、49.42、44.59、44.17 和 41.84，分别相当于 11 个沿海省（自治区、直辖市）平均分的 1.59 倍、1.36 倍、1.23 倍、1.22 倍和 1.15 倍。广东的区域海洋创新指数得分位列第一，从分指数来看，其海洋创新环境优良，海洋创新资源丰富，海洋知识创造水平高，海洋创新绩效显著，整体上海洋创新发展具备坚实的基础。山东的区域海洋创新指数得分位列第二，海洋创新基础雄厚，作为传统海洋大

省长期以来积累了大量的创新资源，海洋知识创造能力较强，但山东海洋创新绩效分指数得分较低，可以从产业结构优化和经济转型升级等角度考虑提高海洋创新绩效，营造良好的海洋创新环境。上海的区域海洋创新指数得分位列第三，海洋创新环境分指数得分位列第三，海洋创新资源和海洋知识创造分指数的得分位列第四，海洋创新绩效分指数得分位列第五，说明上海结合良好的海洋资源，通过构造良好的创新环境，结合良好的知识创造，实现了较高的海洋创新绩效。海南的区域海洋创新指数得分位列第四，其海洋创新环境分指数得分位列第二，主要表现为"海洋科研机构科技活动收入中政府资金所占比例"较高。江苏的区域海洋创新指数得分位列第五，其海洋创新资源分指数得分位列第二，海洋知识创造和海洋创新绩效分指数得分较高，但海洋创新环境条件亟待优化，主要表现为"海洋科研机构科技活动收入中政府资金所占比例"较低。

第二梯次为福建和浙江，区域海洋创新指数得分分别为 36.94 和 30.38。福建的区域海洋创新指数得分位列第六，其海洋创新绩效分指数得分位列第一，主要表现为"人均主要海洋产业增加值"和"单位能耗的海洋经济产出"较高。浙江的区域海洋创新指数得分位列第七，各项分指数较为均衡。

第三梯次为广西、辽宁和天津，区域海洋创新指数得分分别为 29.03、24.26 和 21.86。广西的区域海洋创新指数得分位列第八，其海洋知识创造、海洋创新绩效和海洋创新环境分指数得分较高，说明其具有良好的创新环境，创造了较高的海洋绩效，但海洋创新资源分指数得分较低。辽宁的区域海洋创新指数得分位列第九，其海洋创新环境和海洋创新绩效分指数得分较低，主要表现为"R&D 经费中设备购置费所占比例""海洋劳动生产率""海洋生产总值增长速度"得分较低。天津的区域海洋创新指数得分位列第十，其海洋创新环境、海洋创新资源、海洋知识创造和海洋创新绩效分指数均有待提高，处于平均分以下。

第四梯次为河北，其区域海洋创新指数得分为 18.91。河北的区域海洋创新指数得分位列第十一，其得分明显较低，海洋创新资源分指数得分最低，海洋创新绩效分指数得分倒数第二。

二、区域海洋创新分指数得分各具优势

从区域海洋创新环境分指数来看，2022 年得分超过平均分的沿海省（直辖市）有广东、海南、上海、浙江和山东（图 3-2）。其中，广东得分为 66.15，主要是沿海地区人均海洋生产总值较高；海南得分为 52.92，这得益于较高的 R&D 人员人均折合全时工作量；上海得分为 42.17，主要贡献来自 R&D 人员人均折合全时工作量和沿海地区人均海洋生产总值；浙江得分为 40.54，主要是 R&D 经费中设备购置费所占比例较高；山东得分为 37.64，主要也是 R&D 经费中设备购置费所占比例较高。

从区域海洋创新资源分指数来看，2022 年得分超过平均分的沿海省（直辖市）有山东、广东、江苏、上海、海南和辽宁（图 3-2）。其中，山东得分为 74.37，与其他沿海省（自治区、直辖市）相比优势较大，该省份的 R&D 人员中博士毕业人员占比和科技人力资源培养水平显著高于其他地区。

从区域海洋知识创造分指数来看，2022 年得分超过平均分的沿海省（自治区、直辖市）为广东、山东、广西、上海和江苏（图 3-2）。其中，广东和山东的得分分别为 57.07 和 52.63，远高于平均分，这与其较高的 R&D 人员平均发明专利授权数量、万名科研人员发表的科技论文数密不可分。

从区域海洋创新绩效分指数来看，2022 年得分超过平均分的沿海省（直辖市）有福建、广东、海南、江苏和上海（图 3-2）。其中，福建得分显著高于其他地区，为 64.92，这主要得益于较高的人均主要海洋产业增加值和单位能耗的海洋经济产出。

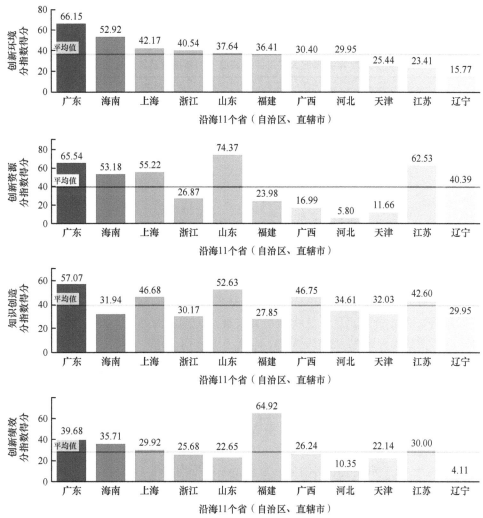

图 3-2　2022 年沿海 11 个省（自治区、直辖市）区域海洋创新分指数得分

第二节　五大经济区区域海洋创新稳定发展

环渤海经济区、长江三角洲经济区、海峡西岸经济区、珠江三角洲经济区和环北部湾经济区五大经济区海洋创新稳定发展。

珠江三角洲经济区与香港、澳门两大特别行政区接壤，科技力量与人才资源雄厚，海洋资源丰富，是我国经济发展最快的地区之一。珠江三角洲经济区的区域海洋创新指数得分为 57.11（表 3-2），明显高于 11 个沿海省（自治区、直辖市）的平均水平，在五大经济区中居于首位。该经济区区域海洋创新环境优越、海洋创新资源密集、海洋知识创造优势突出、海洋创新绩效水平较高。

海峡西岸经济区以福建为主体，包括周边地区，南北与珠江三角洲、长江三角洲两个经济区衔接，东与台湾、西与江西的广大内陆腹地贯通，是具备独特优势的地域经济综合体，具有带动全国经济走向世界的能力。2022 年，海峡西岸经济区的区域海洋创新指数得分为 38.29（表 3-2），略低于 11 个沿海省（自治区、直辖市）的平均水平。从分指数来看，区域海洋创新绩效分指数得分显著高于平均水平，有着良好的发展潜质，但海洋创新资源分指数得分较低，海洋创新发展能力有待进一步提升。

表 3-2　2022 年我国五大经济区区域海洋创新指数及其分指数得分

经济区	区域海洋创新指数	分指数			
		海洋创新环境分指数	海洋创新资源分指数	海洋知识创造分指数	海洋创新绩效分指数
珠江三角洲经济区	57.11	66.15	65.54	57.07	39.68
海峡西岸经济区	38.29	36.41	23.98	27.85	64.92
长江三角洲经济区	37.98	35.37	48.21	39.82	28.53
环渤海经济区	36.77	41.66	35.09	39.35	30.97
环北部湾经济区	28.09	27.20	33.05	37.31	14.81
平均值	39.65	41.36	41.17	40.28	35.78

长江三角洲经济区位于我国东部沿海、沿江地带交汇处，区位优势突出，经济实力雄厚。长江三角洲经济区以上海为核心，以技术型工业为主，技术力量雄厚、前景好、政府支持力度大、环境优越、教育发展好、人才资源充足，是我国最具发展活力的沿海地区。2022 年，长江三角洲经济区的区域海洋创新指数得分为 37.98（表 3-2），略低于 11 个沿海省（自治区、直辖市）的平均水平，较为丰富的海洋创新资源和较好的海洋知识创造优势为长江三角洲经济区海洋科技与经济发展创造了良好的条件，但海洋创新绩效有待提高。

环渤海经济区是指环绕着渤海全部及黄海的部分沿岸地区所组成的广大经济区域，是我国东部的黄金海岸，具有相当完善的工业基础、丰富的自然资源、雄厚的科技力量和便捷的交通条件，在全国经济发展格局中占有举足轻重的地位。2022 年，环渤海经济区的区域海洋创新指数得分为 36.77（表 3-2），低于 11 个沿海省（自治区、直辖市）的平均水平。

环北部湾经济区地处华南经济圈、西南经济圈和东盟经济圈的结合部，是我国西部大开发地区中唯一的沿海区域，也是我国与东南亚国家联盟（简称"东盟"）既有海上通道又有陆地接壤的区域，区位优势明显，战略地位突出。环北部湾经济区的区域海洋创新指数得分为 28.09（表 3-2），与长江三角洲经济区及珠江三角洲经济区的差距较大，在五大经济区中排名最末。

第三节　三大海洋经济圈区域海洋创新略有波动

海洋经济圈包括北部、东部和南部三大海洋经济圈，其中北部海洋经济圈由辽东半岛、渤海湾和山东半岛沿岸及海域组成，主要行政单元包括辽宁、天津、河北和山东；东部海洋经济圈由上海、江苏、浙江沿岸及海域组成，主要行政单元有上海、江苏、浙江；南部海洋经济圈由福建、珠江口及其两翼、北部湾、海南岛沿岸及海域组成，拥有珠江三角洲地区较强科技成果转化能力的重要优势，主要行政单元包括福建、广东、广西和海南。

根据对三大海洋经济圈的海洋创新环境、海洋创新资源、海洋知识创造和海洋创新绩效的评价分析，2022 年三大海洋经济圈区域海洋创新指数及其分指数得分如表 3-3、图 3-3 及图 3-4 所示。可以看出，东部海洋经济圈区域海洋创新指数得分最高，其次是南部海洋经济圈，最后是北部海洋经济圈。

表 3-3 2022 年我国三大海洋经济圈区域海洋创新指数及其分指数得分

海洋经济圈	综合指数	分指数			
	区域海洋创新指数	海洋创新环境分指数	海洋创新资源分指数	海洋知识创造分指数	海洋创新绩效分指数
东部海洋经济圈	57.80	35.37	48.21	39.82	28.53
南部海洋经济圈	41.98	46.47	39.92	40.90	41.64
北部海洋经济圈	41.84	27.20	33.05	37.31	14.81

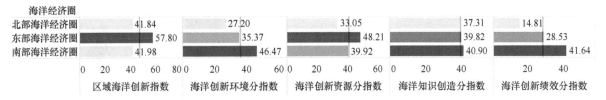

图 3-3 2022 年我国三大海洋经济圈区域海洋创新指数及其分指数得分

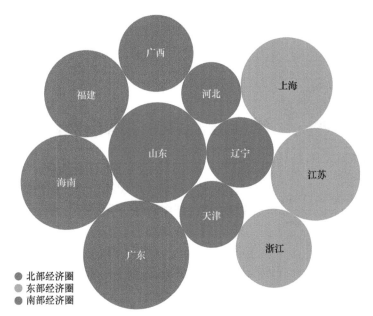

图 3-4 2022 年我国三大海洋经济圈各省（自治区、直辖市）区域海洋创新指数得分概图

东部海洋经济圈 2022 年的区域海洋创新指数得分为 57.80，在三大海洋经济圈中位居第一，海洋创新资源和海洋知识创造分指数得分分别为 48.21 和 39.82，具有明显优势，突出的"沿海地区人均海洋生产总值"和"万名科研人员发表的科技论文数"指标说明丰富的海洋创新资源和良好的知识创造优势对经济发展的促进作用较强，可以实现带动并促进创新投入转化。南部海洋经济圈 2022 年的区域海洋创新指数得分为 41.98，处于三大海洋经济圈中间位置。海洋创新环境分指数、海洋创新绩效分指数和海洋知识创造分指数得分在三大海洋经济圈中居于首位，展现了强劲的创新环境实力、创新绩效潜力和知识创造优势。4 个分指数中，海洋创新环境分指数得分尤为突出，充分说明该区域具备了优异的海洋创新环境；海洋创新绩效分指数得分较高，为 41.64，有较大的正贡献，说明在该区域海洋环境优异的条件下，较高的海洋创新绩效有效带动了海洋产业和海洋经济的健康发展。北部海洋经济圈 2022 年的区域海洋创新指数得分为 41.84，居于三大海洋经济圈的末位，各分指数得分均为最低，与南部和东部海洋经济圈的差距较大。

第四章　沿海城市海洋创新指数评价

　　城市海洋创新指数是反映一个城市科学、技术和创新能力的综合指数。综合分析城市创新指数评价结果可以发现，评价的 30 个城市可以大致划分为 4 个梯次。第一梯次的海洋创新指数得分在 35 分以上，只有广州市和青岛市，在沿海城市创新中遥遥领先；第二梯次是海洋创新指数得分为 25～35 分之间、排名前五位的城市，包括深圳、珠海和三亚等市，在我国创新格局中有较强的综合影响力；第三梯次的海洋创新指数得分为 15～25，排名在第 6 位到第 9 位，创新发展特色较强；排名第 10 位及之后的沿海城市海洋创新指数得分在 15 分以下，属于第四梯次。各城市之间比较来看，创新差距依然明显，主要的研发活动和创新产出集中于第一梯次和第二梯次的城市。总体来看，当前我国城市海洋创新格局依然比较稳定。

　　城市海洋创新指数共由 4 个分指数构成，分别是海洋创新环境分指数、海洋创新资源分指数、海洋知识创造分指数及海洋创新绩效分指数。其中，海洋创新环境分指数由 5 个指标构成，分别是 R&D 经费中设备购置费所占比例、R&D 人员折合全时工作量、在岗职工平均工资、海洋 R&D 人员占区域 R&D 人员比例、科技人力资源培养水平。海洋创新资源分指数由 4 个指标构成，分别是研究与发展人力投入强度、R&D 人员中博士毕业人员占比、科技课题数、研究与发展人力投入强度。海洋知识创造分指数由 5 个指标构成，分别是万名 R&D 人员的发明专利授权数量、软件著作权数、国外发表的论文数占总论文数的比例、万名科研人员发表的科技论文、本年出版科技著作种类数。海洋创新绩效分指数由 3 个指标构成，分别是科技成果转化收入、科技成果转化效率、专利所有权转让及许可收入。

第一节　沿海城市海洋创新梯次差距明显

根据 2022 年沿海城市海洋创新指数得分，可将我国 30 个沿海城市划分为 4 个梯次。其中，第一梯次的城市海洋创新指数得分超过 35 分，第二梯次的得分为 25～35，第三梯次的得分为 15～25，第四梯次的得分较低，在 15 分以下。2022 年沿海城市前 10 名海洋创新指数及其分指数得分分别见图 4-1～图 4-5。

根据城市海洋创新指数得分，第一梯次中广州市与青岛市相差较小，得分分别为 36.31 分和 35.13 分，与其他城市相比有一定的优势。广州市和青岛市的海洋创新指数得分位列前两名，从分指数来看，其海洋创新环境优良，海洋创新资源丰富，海洋知识创造水平高，海洋创新绩效显著，整体上城市海洋创新发展具备坚实的基础。

第二梯次为深圳市、珠海市和三亚市，海洋创新指数得分分别为 34.05 分、28.05 分及 26.08 分，向上与第一梯次有着明显的差距，自深圳市向下再次出现小断层。第二梯次城市内部之间也有着较为明显的差异，深圳市的得分虽然无法位列第一梯次，但其与第二梯次内其他城市相比也有着一定的优势，这得益于深圳市创新绩效分指数的较高得分，为 30.81 分，这说明深圳市海洋创新绩效良好，这与区域海洋创新指数的结果是一致的，二者均表明深圳市在创新绩效方面取得了突出的成果。第二梯次中其余两个城市相差不大，分析分指数得分可以发现，其在创新资源分指数得分方面十分突出。

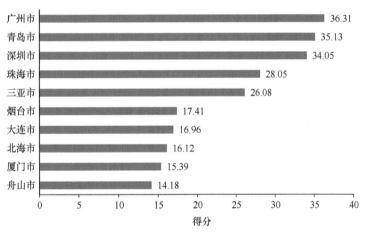

图 4-1　2022 年沿海城市前 10 名海洋创新指数得分

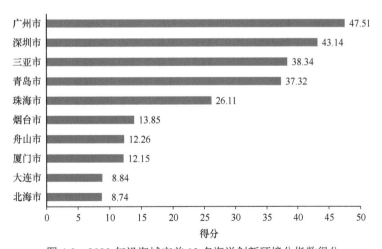

图 4-2　2022 年沿海城市前 10 名海洋创新环境分指数得分

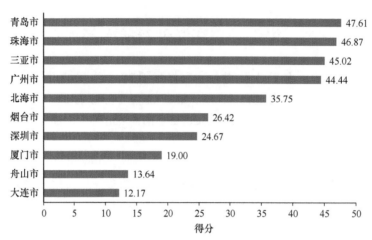

图 4-3　2022 年沿海城市前 10 名海洋创新资源分指数得分

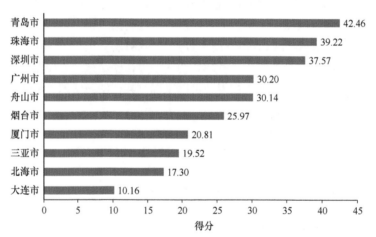

图 4-4　2022 年沿海城市前 10 名海洋知识创造分指数得分

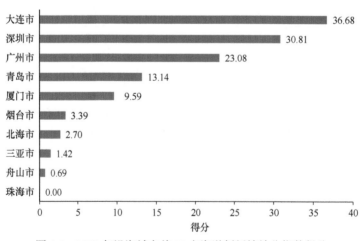

图 4-5　2022 年沿海城市前 10 名海洋创新绩效分指数得分

　　第三梯次大部分城市的得分与第二梯次相比有较为明显的差距，得分均在 25 分以下，其中，烟台市近年来创新能力逐渐提升，创新机构及涉海人员数量不断增加，得分处于第三梯次的第 1 名。分析第三梯次各个城市的分指数得分可以发现，第三梯次排名靠前的城市在某些分指数上得分较为可观，但同时也有其他分指数得分较低，导致拉低了总体得分。大连市的创新绩效分指数得分取得了第 1 名，但创新资源分指数和知识创造分指数的得分过于靠后。北海市的创新资源分指数得分排名靠前，但其创新环境分指数得分较低，导致其最终的排名仅处于第三梯次。厦门市的创新绩效分指数得分位居第五，知识创造分指数得分位居第七，但其创新资源分指数和创新环境分指数的得分均较低，这最终导致了厦门市的排名并不靠前。

其他城市属于第四梯次。其中，舟山市的海洋创新指数得分位于第十，知识创造分指数得分较高，但创新绩效分指数得分过低。第四梯次的得分普遍较低，这是因为位于第四梯次的城市大多没有显著优势且分指数得分普遍偏低。

第二节　沿海城市前 5 名海洋创新分析

沿海城市前 5 名海洋创新指数及其分指数得分见图 4-6。按海洋创新指数得分排名，前 5 名分别是广州市、青岛市、深圳市、珠海市和三亚市，得分分别为 36.31 分、35.13 分、34.05 分、28.05 分、26.08 分。其中，前 3 名得分相差较小，其他城市与之相比差距较大。此外，从沿海城市前 10 名的海洋创新指数得分来看，自烟台市到厦门市得分下降幅度比较平缓。

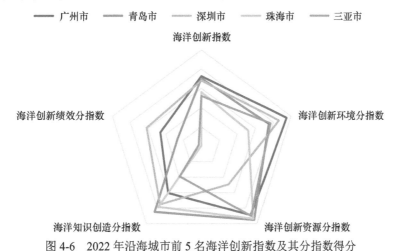

图 4-6　2022 年沿海城市前 5 名海洋创新指数及其分指数得分

按海洋创新环境分指数得分排名，前 5 名分别为广州市、深圳市、三亚市、青岛市、珠海市（图 4-7），得分分别为 47.51 分、43.14 分、38.34 分、37.32 分、26.11 分。

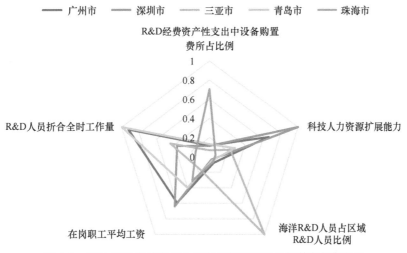

图 4-7　2022 年沿海城市前 5 名海洋创新环境分指数各指标得分

　　海洋创新环境分指数各指标中，R&D 人员折合全时工作量青岛市、广州市的得分显著高于其他城市，其他各城市得分差距不大，这说明青岛市、广州市的 R&D 人员工作量明显高于其他城市，广州海洋创新环境分指数得分位居第一也是得益于该指标。在岗职工平均工资各城市之间得分差距不大。对于 R&D 经费资产性支出中设备购置费所占比例，珠海市得分明显高于其他城市。科技人力资源培养水平除深圳市外各城市之间得分差距不大，深圳市得分位列第一。海洋 R&D 人员占区域 R&D 人员比例三亚市得分位列第一，其余各城市得分差距极小。

　　按海洋创新资源分指数得分排名，前 5 名分别为青岛市、珠海市、三亚市、广州市、北海市（图4-8），得分分别为 47.61 分、46.87 分、45.02 分、44.44 分、35.75 分，前四位城市之间得分差距小大，位于第五位的北海市与第四位的广州市相差 9 分左右。

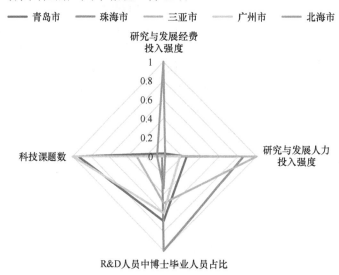

图 4-8　2022 年沿海城市前 5 名海洋创新资源分指数各指标得分

　　R&D 人员中博士毕业人员占比各城市之间得分差距极小；研究与发展经费投入强度除北海市外，各城市之间得分差距不大；科技课题数青岛市和广州市得分相差不大，但与其余城市之间相比优势较大；研究与发展人力投入强度方面，三亚市和珠海市得分明显高于其他城市，且其他城市之间得分差距不大，这一项也使三亚市在这一分指数得分中取得优势。

　　按海洋知识创造分指数得分排名，前 5 名分别为青岛市、珠海市、深圳市、广州市、舟山市（图4-9），得分分别为 42.46 分、39.22 分、37.57 分、30.20 分、30.14 分。其中，青岛市得分显著高于其他城市，其他城市之间得分也有较大差距。此外，广州市、舟山市得分差距极小，仅有 0.06 分的差距。

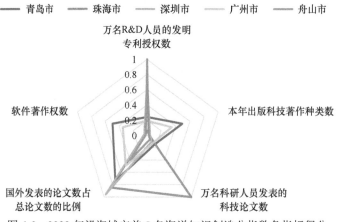

图 4-9　2022 年沿海城市前 5 名海洋知识创造分指数各指标得分

对于万名 R&D 人员的发明专利授权数量，舟山市得分远远高于其他城市；但软件著作权数、本年出版科技著作种类数和国外发表的论文数占总论文数的比例三项指标中各城市之间差距不大；万名科研人员发表的科技论文数珠海市得分显著高于其他城市。

按海洋创新绩效分指数得分排名，前 5 名分别为大连市、深圳市、广州市、青岛市、厦门市（图 4-10），得分分别为 36.68 分、30.81 分、23.08 分、13.14 分、9.59 分。海洋创新指数得分没有位于前 5 名的城市位列榜单第一位。此外，前 5 名城市之间得分相差较大，特别是广州市和青岛市之间。

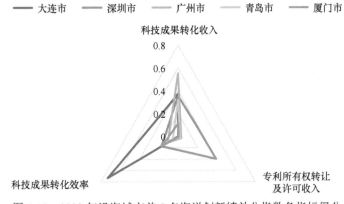

图 4-10　2022 年沿海城市前 5 名海洋创新绩效分指数各指标得分

海洋创新绩效分指数各指标得分差距显著，每个城市在不同的指标中各具优势，且在各自的优势领域都远远领先于其他城市。科技成果转化效率大连市得分远高于其他城市，位列第一；专利所有权转让及许可收入深圳市得分位列第一，大幅度领先其他城市；科技成果转化收入广州市位列第一，此外，其他各城市之间也有一定差距。

第五章　中国海洋工程装备国产化进程及趋势

第一节　海洋工程装备国产化率的内涵

"国产化"（localization）又称"地产化""当地化"，是 20 世纪五六十年代随着国际商品贸易和国际技术转让活动的发展而出现的一个概念。许多新兴工业化国家正是充分利用了对国外技术的国产化，从而迅速地发展本国工业，甚至加入发达国家的行列。对于国产化的概念，先后有不同的观点。一般意义上的国产化是指"不经过开发，利用引进的图纸和样品模仿生产"或对于本国自身的状况所进行的必要的技术修改；从产品的生产和零部件配套角度认为，国产化有广义和狭义之分，广义的国产化是指"当地生产的配套供应，即当地化，包括通过合资或外商独立生产的配套供应"，而狭义的国产化则是指"本国所属企业的配套供应"。

在当今国际分工、国际贸易的驱动下，全球已经变成了一个世界工厂，每个国家都在国际分工中扮演自己的角色，发达国家定位于高端科技产品和研发产品的核心技术。因此，发展中国家要在世界竞争中占有一席之地，必须加快国产化的进程。国产化率是衡量发展中国家在引进国外产品和技术过程中，消化、利用国外技术的一个阶段，是发展中国家在迈向现代化社会中不可逾越的一个阶段。国产化率是评价利用国外技术的一个指标，只有科学评价国产化，才能准确反映出对高科技的实际利用水平，有利于快速缩短与发达国家之间的技术差距。国产化率的数值越高，说明消化吸收的效果越好，如果国产化率能达到 100%，则说明对引进的技术已能完全消化吸收。同时，这一指标也反映我国的消化吸收力和形成自我技术体系的能力。

一般来说，在装备制造业发展初期，国家多通过国产化政策以促进本国装备制造业的发展，而随着本国装备制造业国际竞争力的不断加强，国家会逐步放开对装备制造业的保护。目前我国海洋领域仪器设备制造业的国际竞争力仍不足以支撑海洋经济的发展，需要国产化政策的引导和扶植。

现行国产化率的计算公式为

$$P = \frac{S-I}{S} \times 100\% \tag{5-1}$$

式中，P 指国产化率；S 指单位产品散件（CKD）总价；I 指进口部分散件（CKD）总价。

后期，谷伟光[1] 提到，以上国产化率的计算方法并不能反映国产部件在产品中是否占据核心地位，因此她提出了加权计算法计算国产化率，即先给每个零部件规定一个权重（打分），然后求出国产零部件在总权重中的百分比，将国产化率定义为所有国产零部件在总权重中相对百分比的总和：

$$P = \sum \left(\frac{m_i}{M} \times 100\% \right) \tag{5-2}$$

式中，m_i 指第 i 个零部件的权重；M 指总权重。

第二节　中国海洋工程装备制造业发展现状

海洋工程装备（简称"海工装备"）是指用于海洋资源勘探、开采、加工、储运、管理及后勤服务等方面的大型工程装备和辅助性装备，是海洋产业价值链条中的核心节点[2]。国际上通常将海工装备分为三大类，即海洋油气资源开发装备、其他海洋资源开发装备和海洋浮体结构物，其中海洋油气资源开发装备是海工装备的主体。本书依据海工装备的应用场景，将海工装备细分为海工辅助船、海洋资源开采设备、海洋能源开发装备和深海探测装备。海洋工程装备制造业是高端装备制造业的核心构成，具有技术要求高、成长潜力大、综合性强等特点。伴随资源需求和科研需求的增加，海工装备的国内外需求旺盛，已成为新的经济增长点，根据 2022 年中国海洋经济统计公报显示，2022 年中国海洋工程装备制造业全年实现增加值 773 亿元，环比增长 3%[3]。

中国海洋工程装备制造业从 20 世纪 60 年代起步，经过半个多世纪的发展，大致可分为三个阶段：起步阶段、快速发展阶段和独立自主发展阶段。

20 世纪六七十年代是中国海洋工程装备制造业的起步阶段。在此阶段，尚未实行改革开放政策，中国海工装备的研发与制造仅依靠国内力量，企业、研究机构及涉海高校相互合作，1966 年建造出中国第一座海上固定平台，拉开了中国海工装备制造的序幕，1971 年建造出"渤海一号"自升式平台并不断改进，1974 年建成第一艘浮式钻井船"勘探一号"。然而，与发达国家同阶段研发成果如半潜式钻井平台、张力腿平台等相比，仍存在较大的技术差距，主要原因为自主创新能力弱、缺乏相关专业研发机构和技术人员。

20 世纪 80 年代到 21 世纪初是中国海洋工程装备制造业快速发展阶段。在此阶段，中国海洋工程装备制造业企业大量引进国外先进技术。1982 年中国海洋石油总公司成立，成为中国海洋工程装备制造业企业与国际市场接轨的节点。中国海洋工程装备制造业企业参考国际标准和规范，积极引进国外先进技术，成功建造出中国第一座半潜式钻井平台"勘探三号"、坐底式钻井平台"胜利三号"，以及三艘浮式生产储油船"渤海友谊号""渤海长青号""渤海明珠号"。在此阶段，中国海工装备的国产化水平低，主要依靠引进国外关键技术，自主创新能力弱，自主化水平低。

进入 21 世纪以来，中国海洋工程装备制造业进入独立自主发展阶段。在此阶段，中国海洋工程装备制造业开始向自主化生产转型，逐步学习和吸收国外先进技术，已取得显著进展和突破，能够自主生产具有国际水平的海工装备产品，如"深蓝一号"——中国首座自主研制的大型全潜式深海智能渔业养殖装备、"蓝鲸一号"——中国首座自主研发的半潜式钻井平台、"海洋石油 981"深水钻井平台——中国首座自主研发的深海钻井平台等。近期，在中国式现代化的指引下，海工装备技术研发投入不断增加，自主创新能力不断提高。但是，海工装备在核心部件、关键技术、系统集成等方面仍然依靠国外的供应和支持，核心产品的国产化率较低。例如，"蓝鲸一号"半潜式钻井平台的动力定位系统、钻井控制系统、钻井液处理系统等都是从国外引进或合作研发的，其国产化率仅为 40%。根据《中国制造 2025》的数据，中国高技术船舶和海工装备配套领域本土化配套率不足 30%，然而日韩等国家却能达到 80% 及 90% 以上 [4]。

一、中国海工装备主要类别

国际上通常将海工装备分为三大类：海洋油气资源开发装备、其他海洋资源开发装备和海洋浮体结构物，其中海洋油气资源开发装备是海工装备的主体 [5]。本书依据海工装备的应用场景，将海工装备细分为海工辅助船、海洋资源开采设备、海洋能源开发装备和深海探测装备，如图 5-1 所示。

（一）海工辅助船

海工辅助船是指用于支持和辅助海洋工程作业的船舶，在海洋资源开采项目中发挥辅助作用，与海工生产平台相互配合，提高海洋资源开采及加工的效率。海工辅助船主要包括平台供应船（PSV）、三用工作船（AHTS）、钻井船、铺管船、起重船及勘测船等，其中平台供应船和三用工作船是最常使用的海工辅助船。平台供应船主要用于为海工生产平台运送物资和人员，与其相比三用工作船的功能更加丰富，不仅可以供应物资，还可以远洋拖航、起抛锚作业、动力定位和紧急救援。2015 年中国自主设计建造出当时功能最全、性能最先进的多用途海工辅助船"华虎号"，打破了国外长期对高技术海工辅助船的技术垄断。目前，中国最新的研发成果是"海洋石油 201"，它是中国首艘 3000m 深的铺管起重船，为中国自主开发深海资源奠定了基础。

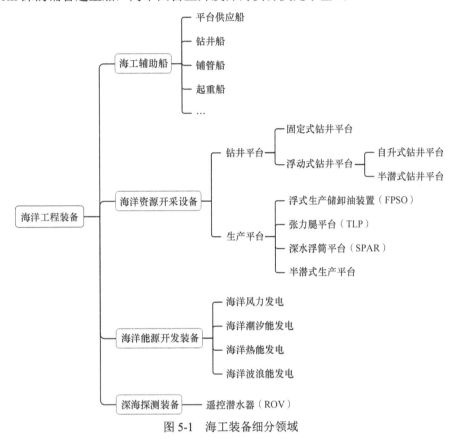

图 5-1　海工装备细分领域

（二）海洋资源开采设备

　　海洋资源开采是海工装备的一个重要应用途径，主要包括钻井平台和生产平台两大类。钻井平台是用于进行海底油气钻探和开发的设施，通常由一个或多个钻井井塔和相关配套设备组成，如中国自主研发的"蓝鲸一号"、"蓝鲸二号"及"海洋石油 981"深水钻井平台。根据钻井平台基底的安装方式，可将钻井平台分为固定式钻井平台和浮动式钻井平台。其中，固定式钻井平台是直接固定在海底的钻井平台。与之相比，浮动式钻井平台通过浮动装置与海洋表面相连，灵活性更强，适用于深海海域。浮动式钻井平台又可分为自升式钻井平台和半潜式钻井平台。两者的区别在于自升式钻井平台通过升降机构将桩腿插入海底泥面以下的设计深度，平台升离海平面一定高度，适用于稳定性好的浅海海域；而半潜式钻井平台的主体由数个圆形或方形截面的立柱与下部浮箱连接而成，作业时处于漂浮状态，适用于条件较为恶劣的深海海域。

　　生产平台是用于能源开采、油气生产和其他海洋资源的开发和生产的平台，包括浮式生产储卸油装置（FPSO）、张力腿平台（TLP）、深水浮筒平台（SPAR）和半潜式生产平台。FPSO 将生产、储存和卸载设备集成在一艘浮船上，通常用于深水和远海油气开采项目，将原油或天然气从井口输送到船上进行处理和储存，然后再将其转运到陆地或船舶，如中国最新研发的"海洋石油 122"，它是由中国自主研发的亚洲首艘圆筒形浮式生产储卸油装置。TLP 是用于海洋油气开采和生产的固定式海洋平台，它利用特殊的支撑系统，通过拉紧垂直支撑腿实现对平台的固定，能够适应不同的水深和海洋环境。现代 SPAR 生产平台的主体是单圆柱体结构，垂直悬浮于水中，主要用于油气的开采、处理和储存。半潜式生产平台是一种用于海洋油气开采和生产的浮动式海洋平台。与其他平台相比，半潜式生产平台具有更好的稳定性和适应性，可以在较大的水深和恶劣的海洋环境中进行操作，如"深海一号"是中国自主研发建造的全球首座十万吨级深水半潜式生产储油平台。

（三）海洋能源开发装备

开发和利用新型海洋能源是海工装备的另一个重要应用领域，主要指将风能、潮汐能、热能和波浪能等新型海洋能源转变为电力的海工装备。为了实现中国式现代化，中国积极推进海洋可再生能源的开发利用，其中海上风能、波浪能、热能等作为清洁、高效、稳定的能源形式，受到了广泛的关注和支持。根据克拉克森风电数据库统计，2023 年初中国已建造全容量并网投产海上风场共114 座，包含海上风机近 5700 台，累计装机量达 28.6GW，说明中国正在充分利用新型海洋资源，逐步减少对传统能源的依赖，这有利于推动经济结构转型升级，实现社会经济高质量发展，向中国式现代化迈进。

（四）深海探测装备

近年来，随着陆地资源逐渐枯竭，开发和利用深海成为新的发展方向，深海装备是其发展的重要支点。深海探测装备指在深海环境下开展海洋科学研究、资源勘探和环境监测等活动的设备和工具。目前，中国已成功研发出多个深水探测装备，如"蛟龙"号载人深潜器、"奋斗者"号及"深海勇士"号等，其核心产品为遥控潜水器（ROV），这是一种远程操作的机器人，配备摄像机、操控臂和采样装置等设备，用于执行海底地质勘探、生物学研究和水质监测等任务。

推动海洋工程装备制造业高质量发展，对实现中国式现代化具有重要意义。依据《中国制造2025》，海洋工程装备制造业高质量发展的核心目标是：提高国际竞争力，进入世界制造强国的前列。然而，中国海洋工程装备制造业起步较晚，起点低，发展历程短，在全球同行业中处于第三梯次。其中，缺乏核心技术的自主知识产权、国产化水平低、产业结构不合理等已成为阻碍中国海洋工程装备制造业高质量发展的障碍。

二、中国海洋工程装备制造业核心产品国产化率

中国海工装备的核心产品主要是海洋资源开发装备，包括钻井平台、生产平台等。虽然，中国已经在部分海洋油气工程实现国产化生产，但是与国际海洋石油企业相比，仍存在较大技术差距，某些关键的技术仍掌握在国外厂商手中，特别是大型海工装备方面，差距更为明显。据统计，中国海洋钻井平台的国产化率仅为30%，其配套设备、关键设备、配件的进口依赖度高。例如，中国最新研发的钻井平台有"海洋石油 981""海洋石油 982""蓝鲸一号""蓝鲸二号"等，其国产化水平整体较低，具体如图 5-2 所示。可以看出，"海洋石油 981"和"蓝鲸一号"关键零部件的国产化率仅为 40%，而"蓝鲸二号"的国产化率虽然有所进步，但仅为 60%，国产化水平仍较低。

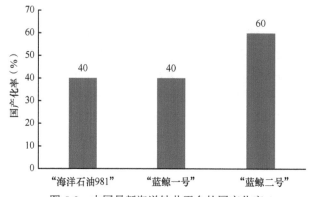

图 5-2　中国最新海洋钻井平台的国产化率

在海工装备核心产品国产化水平的基础上，进一步统计深水资源开发装备关键零部件的国产化率，如表 5-1 所示。可以清晰地看出，中国海工装备关键零部件的国产化率整体较低，仍需进一步提高自主研发能力。

表 5-1　深水资源开发装备关键零部件的国产化率

深水资源开发装备类型	关键零部件的国产化率（最高）
300m 以上固定式导管架油气平台	不足 40%
15 万 t 典型 FPSO	10% 左右
1500m 典型半潜式平台	5% 左右
1000m 典型水下生产系统	0%

21 世纪初，在深海科考需求的推动下，中国投入大量资金用于深海探测装备的研发。然而，受国际深海领域关键技术"卡脖子"的障碍，仅能依靠国内力量自主研发。经过长期的研发，中国成功研发出首台自主设计、自主集成研制的深海载人型潜水器"蛟龙"号，并在此基础上研发出"深海勇士"号、"奋斗者"号等，其国产化率均达到 90% 以上，国产化水平较高，具体见图 5-3。深海探测装备绝大多数的零部件由国内自主生产，仅有少数依靠进口。然而，少数进口的零部件为高精尖部件，因此深海探测装备仍面临技术"卡脖子"的风险，需进一步加大投入，提高自主研发能力，推动海洋工程装备制造业高质量发展，实现海洋工程装备产业的中国式现代化。

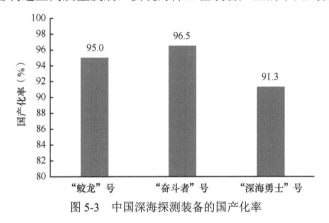

图 5-3　中国深海探测装备的国产化率

三、中国海洋工程装备制造业产业布局

目前，在建设海洋强国、实现中国式现代化的驱动下，中国已在环渤海、长三角和珠三角等沿海地区建设了一系列海洋工程装备制造基地，具有规模合理、集聚度高和发展潜力大等特征[6]。

环渤海海洋工程装备制造基地包括大连、天津和青岛等地，是一个产业链完整、生产规模大、集设备制造和科教服务于一体的产业集群，同时也是中国最大的海工装备产业基地，它主张以核心城市（包括大连、天津和青岛）带动区域发展，鼓励海工装备相关产业的发展。其中，大连在船舶制造、自升式钻井平台和军工项目等方面居于全国领先地位。天津依托天津港，大力发展船舶工业，拥有规模以上船舶工业企业 30 多家，并出台《天津市海洋装备产业发展五年行动计划（2020 — 2024 年）》，计划到 2024 年天津海洋工程装备产业将形成体系完备的五大产业集群，产业总体规模将突破 600 亿元。青岛将海洋工程装备制造业作为特色优势产业，以"大型、高端、深水、智能"为目标，依托中船"7 厂 8 所"和海西湾基地集聚优势，推动海洋工程装备制造业高质量发展，以打造中国式现代化的海工装备产业。

　　长三角海洋工程装备制造基地包括南通、舟山和上海等地，基本形成集总装制造、配套设备制造、研发设计、科教服务于一体的海洋工程装备产业集群，是中国第二大海工装备产业基地，它主张强化区域内科技创新、分工合作、协同发展。其中，南通大力提高科技创新能力，已经通过传统产业转型，成为长三角海洋工程装备制造基地的核心城市和国家新型工业化示范基地。舟山作为浙江省海洋工程装备制造业的核心城市，致力于船舶制造和风能装备制造。在《关于制定浙江省国民经济和社会发展第十四个五年规划和二〇三五年远景目标的建议》提到，要持续推动海洋工程装备制造业加快供给侧结构性改革，向"绿色、智能、高效"转变，构造中国式现代化的海洋工程装备制造业。上海凭借政策、制造业基础和科研资源三方面的优势，大力发展海洋工程装备制造业，成为全国唯一一个集船舶海工研发、制造、验证试验和港机建造的城市。它聚集了中国船舶、中国远洋海运和上海振华重工等大型龙头企业，研发并孵化了一批具有国际竞争力的高端船舶海工装备。《上海市先进制造业发展"十四五"规划》指出，高端船舶和海工装备将以自主设计、系统配套为重点，突破关键技术，推动海洋工程装备产业向高端设计前端和制造服务后端双向延伸，到2025年，建设成为国内最具实力的船舶和海工装备研发、设计、总承包基地，产业规模达到1000亿元。

　　珠三角海洋工程装备制造基地是中国华南地区的重要海工装备产业基地，包括广州、珠海和中山等地，在中国式现代化的指导下，珠三角依托政产学研合作体制，努力向高端制造迈进。同时，它聚集了中船澄西（广州）、中船黄埔、招商局重工等著名的海洋工程装备制造企业，主要从事海工船建造，辅以各类平台、FPSO的修建或改装业务。其中，广州是珠三角海工装备产业基地的核心城市，市内形成了以龙穴造船基地为核心，集造船、修船、海洋工程、邮轮及船舶相关产业于一体的海工装备产业集群，培育了31家海工装备企业，它以推动海洋工程装备制造业向高端化发展为目标，研发并制造出自航式沉管运输安装一体船、饱和潜水作业支持船、风电安装平台等高端船舶海工装备，从而推动总装研发、设计建造和智能化水平不断提升。

第三节　中国海洋工程装备制造业国产化面临的挑战

一、自主创新能力弱，核心设备国产化率低

　　海洋工程装备制造业属于高端装备制造业，具有技术要求高、资本需求量大等特征。在海工装备制造领域，欧美等发达国家严格垄断高附加值产品的核心技术，仅让出利润小、竞争激烈的中低端市场，导致中国在海工装备制造领域处于第三梯次，自主创新能力不强，缺乏高水平人才。根据《制造业人才发展规划指南》中的数据，中国海工装备及高技术船舶业人才缺口达26.6万人[7]，这导致中国海洋工程装备制造业自主创新能力弱，关键技术不成熟，核心设备的国产化率低。

　　虽然，近年来中国在海工装备取得了突破性进展，但是诸多先进技术、关键设备仍然依靠国外支持，中国海工装备核心产品的国产化率不足30%。例如，"蓝鲸一号"半潜式钻井平台的动力定位系统、钻井控制系统、钻井液处理系统等都是从国外引进或合作开发的，关键零部件的国产化率仅为40%；"彩虹鱼"水下滑翔机的传感器、通信系统、导航系统等也都是从国外采购或借鉴的。关键零部件依靠进口，一方面致使国外厂商大幅度加价，增加了海工装备的生产成本；另一方面，不利于国内掌握海工装备关键领域的核心技术，制约着海洋工程装备制造业转型升级，不利于实现海工装备产业的中国式现代化。

二、区域发展割据化，关键技术不成熟

　　目前，中国海工装备产业主要集聚在环渤海、长三角和珠三角三个制造基地，受区域政策和地

理位置的限制，各基地之间合作交流较少，且并未形成各自的优势领域。海工装备制造企业为争夺市场份额，大规模投资浅海领域，导致国内海工装备产品竞争领域重叠严重，其主要产品如表 5-2 所示，可以看出，中国海工装备主要集中在低附加值的浅海装备领域，如海工船、浅海钻井平台等，造成结构性产能过剩。同时，这也造成了深海领域研发较少，关键技术不成熟，在深海海工装备的制造过程中，直接参考或引用发达国家的先进技术。然而，受发达国家关键技术垄断的影响，中国仅能参加低附加值领域海工装备的研发和制造，产品技术含量低，带来恶性循环，具体表现为：中国现有技术主要集中在海岸和部分近海工程装备设计制造领域，在深水海工装备的设计开发方面存在技术空白，不具备相关的核心技术研发能力，这大大制约了中国海工装备产业的长期发展。

表 5-2 三大海洋工程装备制造基地的主要海工产品

制造基地	主要海工产品
环渤海	自升式钻井平台、半潜式钻井平台、海工船
长三角	各类钻井平台、海工船、居住平台、圆筒形 FPSO
珠三角	海工船、各类平台、FPSO

三、产业结构不合理，配套设施需完善

目前，中国海洋工程装备制造业产品技术含量低，低端产能过剩、高端产能不足，产业结构不合理[8]。尽管部分海工装备制造企业试图进行产业升级，但是受到投入大、风险高等因素的制约，尚未实现向高端的跨越，目前主要集中在附加值低的中低端产品领域。此外，中国海工装备的配套产业发展不完善，由于配套设备种类多、研发难度大、利润率低，大部分海工装备的配套设备依赖进口，特别是核心配套领域，自配套率甚至低于 5%[9]，而配套设备的价值量在总价值量中占比最大，这意味着配套设备不完善是海工装备发展一个重要障碍。

四、智能化和绿色化水平低，深海作业能力弱

随着浅水油气资源的逐渐枯竭、人工智能、大数据、云计算等新技术的飞速发展，海洋工程装备制造业也面临着向深水领域、智能化和绿色化转型升级的需求和压力。然而，与国际先进水平相比，中国海洋工程装备制造业在深水领域、智能化和绿色化方面还有较大的差距和不足。例如，中国海工装备深水作业能力不足，"海洋石油 981"深水钻井平台虽然能够在 3000m 水深作业，但是其最大钻井深度只有 12000m。与之相比，美国特兰索申公司（Transocean）拥有的"深水地平线"钻井平台能够在 12000m 水深作业，最大钻井深度达到 15000m；在智能化方面，中国海洋工程装备制造业还缺乏完善的标准体系、成熟的技术平台、有效的应用场景等，智能化水平目前尚处于初级阶段，大部分数字化设备仍依赖进口；在绿色化方面，中国海洋工程装备制造业还面临着资源消耗大、污染排放多、环境影响大等问题，绿色化水平还有待提高。

第四节 中国海洋工程装备高质量发展趋势

一、新时代对海工装备发展提出新要求

海洋中蕴含着丰富的矿产资源、生物资源及动力资源等。据统计，海洋中蕴含的石油和天然气可采储量分别占全球总量的 33% 和 57%。伴随陆地资源开发的推进，海洋成为世界各国争夺的重要领域。党的十八大报告提出"提高海洋资源开发能力，发展海洋经济，保护海洋生态环境，坚决维护国

家海洋权益，建设海洋强国"。党的十九大报告明确要求"坚持陆海统筹，加快建设海洋强国"。党的二十大报告进一步强调"发展海洋经济，保护海洋生态环境，加快建设海洋强国"。推动海洋工程装备制造业高质量发展，可为建设海洋强国、实现中国式现代化提供重要的物质和技术支撑。

同时，党的二十大报告明确提出要"加快建设制造强国"，以中国式现代化实现中华民族伟大复兴。《中华人民共和国国民经济和社会发展第十四个五年规划和 2035 年远景目标纲要》明确提出，深入实施制造强国战略，推进产业基础高级化、产业链现代化，推动制造业高质量发展，其中海洋工程装备制造业是重要内容。《国家海洋经济创新发展战略纲要》也明确了发展海洋工程装备和高技术船舶等高端装备的方向。高质量发展是制造业发展的主旋律，是以中国式现代化实现中华民族伟大复兴的必然要求。推动海洋工程装备制造业高质量发展，一方面，在海工装备设计、研发过程中对关键技术的突破，能够提高中国的自主创新能力，从而提升高端装备制造业的产业基础能力；另一方面，对高端海工装备的研发，有助于促进中国海洋工程装备制造业转型升级，搭建中国式现代化的海洋工程装备制造业。

二、中国海洋工程装备高质量发展趋势

海洋工程装备制造业高质量发展的主要目标是构建一批具有国际影响力的海工装备制造基地，并推动海工装备向高端化、智能化、绿色化发展[10]。

高端化指研发高附加值的海工装备，如超深水钻井平台、超大型浮式生产储油船、深海采矿船等。目前，欧美等发达国家在深海海工装备的研发和关键设备的制造方面居于垄断地位。尽管，随着近海资源的枯竭和自主创新能力的增强，中国海工装备开始走向深海领域，成功研发出"海洋石油 982""蓝鲸二号"等深海钻井平台。但是，中国大部分海工装备仍聚集在浅海领域，深水作业产品与国际技术存在较大差别，仍需提高深海海工装备的自主研发能力，突破关键技术壁垒，向高端市场迈进。

海工装备智能化发展蓄势待发。例如，随着计算机和自动化装备的使用，中国海工装备装配生产线由刚性生产线转变为柔性装配装备系统，能够适应多品种差异化生产；海工装备焊接过程由人工焊接转变为智能化焊接装备焊接，极大地提高了焊接的效率和质量；智能物流装备提高了海工装备及配件运输的效率，并降低了人力成本。海工装备向智能化转变，有助于推动海洋工程装备制造业转型升级。然而，目前中国成功实现智能化转型并获得竞争优势的海洋工程装备制造企业较少，仍需进一步努力。

绿色化指减少海工装备在生产与应用过程中的资源消耗量与污染排放量。近年来，绿色化成为海工装备制造和使用过程中的重要趋势。海洋装备制造业企业通过推动传统技术转型升级及开发绿色清洁能源，来减少碳排放，向绿色化方向发展。例如，挪威赫维蒂克公司推出了世界上第一艘液氢动力的海上风电安装船"西格娜"，能够实现零排放、零噪声、零振动的绿色运营。然而，国内在新型节能海工装备研发领域，仍存在较大的短板。目前，基于中国海洋清洁能源开发方面的推动，海洋工程装备制造业正在向绿色化方向前进，正往高质量、可持续发展的方向迈进。

第五节　提升中国海洋工程装备制造业国产化率的对策与意见

一、增强自主创新能力，提高设备国产化率

创新是引领海洋工程装备制造业发展的第一动力，增强自主创新能力是提高中国海工装备国产化率、实现高质量发展的重要支点。要提高海洋工程装备制造业的自主创新能力，首先政府和企业应加大对海洋工程装备制造业的研发投入，提供更多的资金、资源和政策支持，完善海工装备研发的科研设备和人才配备。此外，要加强技术交流，加强企业与科研机构和高校合作交流，共享资源和技术，提高技术创新水平，同时加强国际合作，开展联合研发和项目合作，吸收国际领先的创新成果和技术，提高自主创新能力。人才资源是影响海工装备发展的基础性资源，要加大人才培养力度。一方面，政府要制定相关政策，实施海工装备高技能人才培养战略，优化创新环境；另一方面，海工装备制造企业要完善高水平人才的培养和激励机制，激发其自主创新的动力，从而培养出一批适应国际竞争环境，以及具有高水平自主创新能力的海洋工程装备制造业技术人才，通过自力更生，加快海工装备关键技术及配套零部件的研发，逐步减少对进口的依赖，提高海工装备的国产化率。

二、加强区域合作与统筹，突破关键技术瓶颈

统筹规划产业布局，解决区域发展割据问题，加强环渤海、长三角和珠三角三个制造基地的合作与统筹规划，实现中国海洋工程装备制造基地的专业分工和合理布局。一方面，充分发掘各地资源和优势，依据各区域的独特优势，明确区域定位，因地制宜地发展区域优势产业，避免区域性产业趋同；另一方面，需加大区域技术、人才及各种资源的交流与合作，实现区域之间优势互补，构建具有国际影响力的特色海工装备制造基地，实现海工装备制造基地效率最大化和优势发挥最大化，避免结构性产能过剩和同业恶劣竞争。

同时，面对深海研发的技术限制，三大海洋工程装备制造基地需突破关键技术瓶颈。一方面，需加强与世界知名大学和科研机构的交流与合作，通过搭建创新平台、联合培养技术人才、协同实施创新项目和共同参加国际展览等形式，引进国外先进技术，针对国内实际情景，自主消化吸收，弥补技术短板，逐步掌握海工装备核心领域的关键技术。另一方面，加快自主创新，研发深海工程装备，探究适应深海领域的新材料、新技术、新产品，提高深海作业能力，并且加强深远海综合科考与试验，丰富深远海科技创新知识库，突破关键技术瓶颈。

三、优化产业结构，完善配套设施

在海洋工程装备制造工程中，配套装备占有较大的份额，应注重配套产业的发展，完善配套体系。然而，目前中国海工装备配套设施对外依赖度高，关键配套设施自主研发能力弱。为解决该问题，中国海洋工程装备制造业应重视配套设施的技术研发，逐步从中低端向高端跨越，完善配套产业体系。同时，随着深海油气资源储量占总储量的比例不断增加，深海海工装备成为国际海洋工程装备制造业新的发展方向。需推动中国海工装备制造企业向深海进军，研发高附加值、高技术含量的深海海工装备，从而优化产业结构，推动海洋工程装备制造业转型升级。

四、推进智能化和绿色化，迈向高端市场

推动海洋工程装备制造业产业链现代化，向智能化和绿色化转型升级。一是，发挥区域龙头企业引领示范作用，将人工智能、大数据、云计算等新技术应用于海工装备生产和运行过程中，实现研发、设计、制造、管理和服务全流程的数字化、网络化和智能化，建设智能车间和智能生产线，提高海工装备的智能化水平，由"海工装备制造"向"海工装备智造"转变；二是，将绿色理念贯穿于海工装备的生产过程，加强海洋工程装备制造业对环境影响的评估和监测，采取有效措施，减少对海洋生态环境的破坏和污染。推动产品设计生态化、生产过程清洁化、能源利用高效化和回收再生资源化，研发新技术，应用新材料，发展绿色、节能、高效的海工装备产品。

第六章　全球海洋科技创新态势专题分析

本章对2022年度国际海洋战略规划、政策性报告及代表性研究成果进行梳理分析，总结近期海洋研究热点及未来发展态势。

2022年，国际组织和世界主要海洋国家针对海洋科技研究战略规划的未来布局，从海洋可持续发展、海洋生物多样性保护、海洋生态系统健康等方面进行相关部署。海洋科学领域在海洋观测、深海研究、海洋生态系统变化、新兴海洋勘探技术、海洋生物多样性变化等前沿研究方向的研究持续深入，在观测手段、深海多样性研究等方面取得了诸多突破。

未来海洋科学研究将呈现以下态势：①深海研究将持续成为国际海洋科学研究的前沿领域；②人工智能等新兴工具与传统海洋勘探和研究平台及技术的结合将成为未来的主要趋势之一；③海洋科学领域国际合作迈入新阶段。

第一节　重要政策及战略规划

在 2022 年全球海洋科技监测信息中，本节选取若干海洋战略规划、政策性报告及代表性研究成果开展态势分析研究。

联合国"海洋科学促进可持续发展十年"（简称"海洋十年"）的启动是全球海洋科学的一个分水岭，目前已经取得了重大成就，包括为应对"海洋十年"挑战提供 8.4 亿美元的初始资助，批准了约 400 项"海洋十年"行动，以及建立了由数十个"海洋十年"国家委员会和 7 个地区工作组构成的全球治理结构和协同设计机制。尽管在海洋科学投资方面仍存在挑战，但"海洋十年"为之后 9 年的变革性海洋科学奠定了坚实的基础。

2022 年，全球范围内各国持续重视海洋科学投入，海洋科技不断取得新发展。例如，美国将"海洋十年"与本国海洋科技发展战略紧密对接，围绕未来几年的发展发布新战略；欧盟在海洋空间规划、数字孪生海洋领域积极谋划，处于引领地位；英国持续关注海洋基础设施的发展，在海洋观测方面取得了新突破。总体而言，海洋科学发展势头强劲。

一、国际组织

"海洋十年"持续推进，发布 63 项新获批行动[1]。2022 年 6 月 8 日，联合国教科文组织（UNESCO）宣布在"海洋十年"的框架内批准 63 项新行动。新批准的"海洋十年"行动侧重于处理包括海洋污染、海洋生态系统管理和恢复及海洋-气候关系在内的优先议题，其中 4 项有关海洋健康和气候变化减缓、适应和复原力行动的"海洋十年"大科学计划将有助于通过协作方法为气候变化和其他压力源对海洋的影响补充新的知识和解决方案，并缩小科学与政策之间的差距。除此之外，新获批行动还包括 38 个更短、更集中的"海洋十年"项目和 4 个实物或财政资源捐助。

政府间海洋学委员会（IOC）发布《2021-2022 年"海洋十年"进展报告》[2]，梳理 2021 年 1 月至 2022 年 5 月围绕"海洋十年"展开的活动，总结这一阶段"海洋十年"的成就与不足。报告指出，作为全球海洋科学的分水岭，2021 年是实施"海洋十年"的第一年，自启动以来取得的成就具有重大意义。尽管挑战依然存在，尤其是在对海洋科学的投资方面，但已经为之后 9 年的变革性海洋科学奠定了坚实的基础。截至 2022 年 8 月，"海洋十年"已发出了 3 次行动呼吁。报告指出，在获批的 31 项"海洋十年"大科学计划中，最常见的是挑战 2（保护和恢复生态系统）、挑战 5（海洋与气候关系）、挑战 9（能力发展）及挑战 10（行为改变）。这些挑战本身具有跨领域性，因此需要各项行动通力合作。此外，挑战 8（数字海洋）和挑战 6（社区复原力）是应对水平最低的两项挑战。在获批的 92 个项目中，最常见的是挑战 2（保护和恢复生态系统）、挑战 5（海洋与气候关系）、挑战 9（能力发展）及挑战 10（行为改变）。这些挑战本身具有跨领域性，因此需要各项行动通力合作。此外，挑战 1（海洋污染）和挑战 6（社区复原力）是应对水平最低的两项挑战。

政府间海洋学委员会发布《2022 年海洋状况报告（试行版）》[3]，向全球揭示海洋现状。报告以 IOC 牵头的行动或联合行动为基础，围绕联合国"海洋十年"的 10 项挑战展开。在了解并应对海洋污染方面，报告指出，越来越多的证据表明，气候变化将加剧富营养化及其相关的负面影响。因此，须制定多种手段，以评估不同影响因素之间的相互作用，并将生态原则纳入管理和恢复活动中。

①　Ocean Decade unveils new set of endorsed actions on all continents. https://www.oceandecade.org/news/ocean-decade-unveils-new-set-of-endorsed-actions-on-all-continents/.

②　Ocean Decade progress report 2021-2022. https://unesdoc.unesco.org/ark:/48223/pf0000381708.

③　State of the ocean report 2022: pilot edition. https://unesdoc.unesco.org/ark:/48223/pf0000381921.

鉴于人类活动对生物地球化学循环的影响，须综合考虑大气、陆地和水生生态系统之间的生物地球化学通量及其影响。在保护和恢复生态系统及其生物多样性方面，对海洋生态系统认识现状的最显著特点是不完全。海洋生态系统的保护和恢复是明确的高度优先事项，但要使其真正有效，系统的观测和研究活动仍须加强，并为其提供资源。在发展可持续和公平的海洋经济方面，支持可持续海洋经济的系统性研究尚处于早期阶段。在投资回报渠道、主要受益方、相关立法、市场利益及其机制方面的认识仍不足。报告指出了海洋经济中两个具有代表性的问题：海洋空间规划的当前发展和目前对海洋观测经济价值的理解。在挖掘基于海洋的气候变化解决方案方面，国际层面的联合研究能够更准确地量化三大"蓝碳"生态系统碳封存的位置、面积、状态和潜力。加强对沿海"蓝碳"生态系统的保护和管理可将目前的碳排放总量减少 2%。但是，由于城市和沿海工业的发展、污染及来自农业和水产养殖业的压力，全球 20%～50% 的"蓝碳"生态系统已经丧失或退化。在提高社区对海洋灾害的抵御能力方面，IOC 的海啸预警和减灾系统尚处于发展中，目前由 4 个区域海啸预警系统中的 12 个海啸服务供应商组成。只有沿海社区对预警做出有效响应，预警系统才能真正发挥作用，这需要公众提高认识和适应能力。IOC 海啸应对计划（IOC tsunami ready programme）旨在到 2030 年确保所有处于海啸危险中的沿海社区具备海啸应对能力。目前，已有 30 个社区具备这一能力。在扩展全球海洋观测系统和创建数字海洋方面，目前的海洋观测系统包括约 10 000 个海洋观测平台，84 个国家参与其中。物理海洋基本变量观测系统最为完善，生物地球化学观测系统正在扩大，最近增加了 12 种生物-生态海洋观测系统。但是，海洋观测的覆盖范围仍存在较大差距，海洋观测系统目前无法提供生物多样性丰富地区和人为压力密集地区所需的数据，海洋生物学数据尤其稀缺。海洋观测系统在很大程度上依赖于不可持续的研究资助，新冠疫情则给海洋气候数据记录带来无法逆转的破坏。因此，须推动遵循可查找、可获取、可互操作、可重用（FAIR）原则，须在各个层面推动海洋生物多样性信息系统（OBIS）数据的发布。海洋科学界正处于海洋数据革命的前沿。国际海洋数据和信息交换委员会（IODE）网络是目前海洋数据储存系统的基础，由 68 个国家的 93 个数据中心组成。这些数据中心大多提供在线数据服务，并向世界海洋数据库和 OBIS 提供数据。下一步行动是将该系统转变为一个集中式的数据处理系统，可形成急需的海洋"数字孪生"，为海洋预报创造机遇，并推动负责任和可核查的海洋管理决策与行动。海洋数据和信息系统将成为这一发展的支柱，IOC 海洋信息中心计划将率先开展第一阶段的活动。在人人享有技能、知识和技术方面，要推动可持续发展，海洋科学的能力亟待提高。要实现这一点，具备开展海洋科学评估的能力非常关键。SDG14.a.1 指标，即全球范围内各国对海洋科学研究预算的平均水平目前为 1.7%。在改变人类与海洋的关系方面，近年来在海洋素养领域取得了一些重大进步，包括工具包的增加，以及将海洋教学作为学校、培训、调查、战略和网络等可持续发展的构成要素的意愿加强。

世界经济论坛（World Economic Forum）发布了《SDG14 资助现状审计：追踪实现海洋可持续成果的资助情况》[①]，概述了通过资助支持海洋及以海洋为生的人口健康的关键行动，指出需利用创新工具追踪对可持续发展目标 14（SDG14）的承诺和投资，同时改进海洋资助信息的可追踪性和精确度。报告指出，目前的资助数据系统面临重重挑战，经济合作与发展组织（OECD）和联合国经济和社会事务部（UNDESA）均报告称，SDG14 是资助水平最低的 SDG，截至 2019 年，其仅占所有 SDG 官方发展资助总额的 0.01%。2020 年，SDG14 的资助目标和支出情况评估结果表明，目前的资助水平仅占实现 SDG14 所需的资助总额的 15%。由于 SDG14 与其他 SDG 相互依赖，并且

---

① SDG14 financing landscape scan: tracking funds to realize sustainable outcomes for the ocean. EU action on ocean governance and achieving SDG14. https://www3.weforum.org/docs/WEF_Tracking_Investment_in_and_Progress_Toward_SDG14.pdf.https://www3.weforum.org/docs/WEF_Tracking_Investment_in_and_Progress_Toward_SDG14.pdf.

在应对气候变化方面发挥核心作用，因此 SDG14 资助不足会危及整个《联合国 2030 年议程》的实现。由于新冠疫情的影响，融资模式随之改变，可持续发展成果倒退，进而导致资金缺口扩大。随着各国将资金投入卫生危机的应对，海洋可持续发展获得的资助减少。新冠疫情导致部分领域自2015 年以来取得的成果出现倒退。据估计，发展中国家在 SDG14 方面的资金缺口高达 1.7 万亿美元，约占 70%。因此，立即采取行动确保可持续发展议程仍然是重中之重。要实现 SDG14，未来应重视填补数据缺口、鼓励投资和优化资助。鉴于此，报告提出以下建议：①在各个组织之间建立更统一的报告标准；②提高按部门和性别进行分析的能力；③为投资者设立关于可持续发展的共同标准；④提高数据的透明度和粒度。

国际海底管理局（ISA）秘书处与阿根廷、南非、欧盟、生物多样性公约（CBD）秘书处、法国海洋开发研究院（IFREMER）、韩国国家海洋生物多样性研究所（MABIK）、政府间海洋学委员会海洋生物多样性信息系统（OBIS）和世界海洋物种名录（WoRMS）在葡萄牙里斯本举办的 2022年联合国海洋大会期间发起"可持续海底知识倡议"[1] 的新计划，旨在加快深海生物多样性信息的生成、评估和传播，为决策过程提供指导并确保国际海底区域内海洋环境得到有效保护。该倡议为提升国际社会集体行动的显示度提供了重要机遇，有助于推进国际海底区域的海洋科学研究，从而对标《ISA 海洋十年行动计划》确定的战略研究优先事项。

ISA 发布了题为《确保深海海底及其资源的可持续管理以造福人类》的 2022 年年度报告[2]，介绍了《2019～2023 年 ISA 战略计划》提出的 9 个战略方向的最新实施情况，并评估了在推进 ISA国际海底区域监管框架相关任务的过程中取得的进展。报告从 ISA 在全球背景下的作用、加强国际海底区域内活动的监管框架、保护海洋环境、促进和鼓励"区域"内的海洋科学研究、发展中国家的能力建设、确保发展中国家的全面参与、确保资金和其他经济利益的公平分享、提高 ISA 的组织水平及致力于提高透明度 9 个方面概述了目前的进展。

联合国教科文组织发布了《联合国海洋科学促进可持续发展十年对2030 年议程的推动作用》[3]，描述了海洋在实现 SDG 中的重要作用、SDG14（水下生物）的跨领域性质及"海洋十年"提供的全球框架。"海洋十年"正式宣布之后，海洋科学界纷纷做出响应，共同研究了实现海洋可持续利用所面临的 10 项紧迫挑战。这 10 项挑战为实现 SDG14 提供了机制，但从海洋科学界的角度而言，远超出了应对这些问题的范畴，因为这些挑战还有助于实现其他目标。就其设计而言，"海洋十年"的 10 项挑战均能够为实现 SDG14 提供支撑。除 SDG14 以外，挑战 1（了解和应对海洋污染）与 SDG9、SDG12、SDG3 和 SDG6 紧密相关；挑战 2（保护和恢复生态系统和生物多样性）与 SDG11、SDG12、SDG1 和 SDG2 密切相关；挑战 3（以可持续的方式养活全球人口）与 SDG1、SDG2 和 SDG3 紧密相关；挑战 4（发展可持续且公平的海洋经济）与 SDG1、SDG12 和 SDG7 密切相关；挑战 5（挖掘基于海洋的气候变化解决方案）与 SDG1 和 SDG13 密切相关；挑战 6（提高社区对海洋灾害的抵御能力）与 SDG11 紧密相关；挑战 7（扩大全球海洋观测系统）与 SDG9 和SDG13 紧密相关；挑战 8（创建海洋的数字代表）与 SDG9 和 SDG11 密切相关；挑战 9［面向所有人的技能、知识和技术（能力发展）］与 SDG12、SDG 17 密切相关；挑战 10（改变人类与海洋的关系）将提高海洋素养、产生新技术，提出科学的政策和管理决策。此外，挑战 10 还将支持海洋科学方面的新机会，从而提高多元性、公平性和包容性。

---

①　New sustainable seabed knowledge initiative launched to advance marine scientific research in the area. https://isa.org.jm/index.php/news/new-sustainable-seabed-knowledge-initiative-launched-advance-marine-scientific-research-area.

②　The secretary-general of ISA presents the annual report 2022. https://www.isa.org.jm/index.php/news/secretary-general-isa-presents-annu-al-report-2022.

③　The contribution of the UN decade of ocean science for sustainable development to the achievement of the 2030 agenda. https://unesdoc.unesco.org/ark:/48223/pf0000381919.

世界气象组织（WMO）、政府间海洋学委员会和"全球海洋观测系统"（GOOS）的其他合作伙伴联合发布了《全球海洋观测系统报告》[①]，重点关注综合观测网络对气候、业务服务和海洋健康这三个领域增加的社会价值。该报告首次关注生物观测，提供了海洋观测现状的全球概况，并确定了重要进展、主要挑战和机遇，以加强海洋观测系统。报告指出，过去 20 年，GOOS 形成了观测全球海洋碳的部分能力，海洋表层和海洋内部碳观测的数量也在增加。但是，目前的碳观测网络尚不成熟，仅有 5% 的海上平台携带包括 CO_2 传感器在内的生物地球化学传感器。为了帮助人们更好地认识碳循环，减少对温室气体源和汇认识的不确定性，从而支持《巴黎协定》的缓解行动，WMU 将建立一个全球温室气体监测系统，以加强国际观测基础设施及相关的建模和同化工作。

联合国"海洋十年"发布了《海洋科学促进生物多样性保护和可持续利用："海洋十年"对〈生物多样性公约〉和〈2020 年后全球生物多样性框架〉的支撑作用》[②]，从以下 5 个方面阐述了联合国"海洋十年"对《生物多样性公约》（Convention on Biological Diversity）和《2020 年后全球生物多样性框架》（Post-2020 Global Biodiversity Framework）的支撑作用：①海洋科学在支撑生物多样性管理和保护方面的重要性；②"海洋十年"与《2020 年后全球生物多样性框架》；③"海洋十年"行动对生物多样性认识和解决方案的推动作用；④"海洋十年"对《2020 年后全球生物多样性框架》核心要素的推动作用；⑤下一步行动是打造《2020 年后全球生物多样性框架》和"海洋十年"之间的协作关系。

政府间海洋学委员会和欧盟海洋与渔业总司（EU Maritime & Fish）联合发布《加快全球范围内海洋空间规划最新路线图（2022～2027 年）》[③]，提出了 6 项优先事项，包括 3 项跨领域优先事项，分别为知识支持、能力发展和认识、跨界合作；还有 3 项主题优先事项，分别为气候智能型海洋空间规划、海洋保护与恢复及可持续蓝色经济。报告提出以下 15 项优先行动：①完善海洋空间规划数据；②共同开发新的海洋空间规划工具；③在"海洋十年"的框架内推动与海洋空间规划相关的计划；④评估世界各地决策者和利益攸关方的需求并加强其能力；⑤维持国际海洋空间规划论坛；⑥构建区域海洋空间规划论坛和平台网络；⑦为交流和形成与海洋空间规划相关的社会意识开发资源；⑧共同设计跨界计划；⑨将海洋空间规划纳入大型海洋生态系统方法和机制中；⑩促进利益攸关方参与的跨界和跨领域合作，包括海盆范围；⑪衡量气候变化对海洋环境和海洋领域内活动的影响；⑫共同制定关于如何启动气候智能型海洋空间规划的指南；⑬共同提出将自然保护和恢复纳入海洋空间规划中的建议；⑭共同制定关于海洋空间规划的具体建议；⑮共同制定指导方针，将海洋空间规划纳入可持续蓝色经济战略。

联合国教科文组织发布了《多重海洋压力源：面向政策制定者的科学总结》[④]，指出多重海洋压力源研究与以生态系统为本的管理对于"海洋十年"的支撑作用，提出未来政策制定者和海洋管理者须解决的科学优先事项，以及在当地层面根据压力源的特点对其进行分类的必要性。报告提出未来几年的科学优先事项：①确定每个海洋生态系统内部影响程度最大的关键压力源、时间变化及其控制因素/来源；②加深叠加压力源对海洋生物产生的影响的认识，以及暴露于这些压力源的程度；③基于现有技术能力、人力资源和多重压力源对海洋生态系统造成的威胁程度，制定并实施创新行

---

① Global ocean observing system report card released. https://public.wmo.int/en/media/news/global-ocean-observing-system-report-card-released.

② Ocean science for biodiversity conservation and sustainable use: how the Ocean Decade supports the CBD and its Post-2020 Global Biodiversity Framework. https://unesdoc.unesco.org/ark:/48223/pf0000384026.

③ Updated joint roadmap to accelerate marine/maritime spatial planning processes worldwide MSP roadmap (2022-2027). https://www.mspglobal2030.org/wp-content/uploads/2022/11/MSProadmap2022-2027.pdf.

④ Multiple ocean stressors: a scientific summary for policymakers. https://scor-int.org/wp-content/uploads/2022/03/Multiple-Stressors-Guide-for-Policymakers-march-22.pdf.

动，削弱多重海洋压力源的影响。围绕海洋压力源科学认识的 4 个主要问题为：①更好地理解多重海洋压力源；②提出有助于应对多重海洋压力源影响的策略；③沟通；④政策行动。须采取的行动为：与多重海洋压力源相关的下一个行动不应仅限于实施研究优先事项，而是将结果应用于制定基于生态系统的管理战略和为决策提供指导。研究战略和优先事项为：确定并监测关键地点（如具有高生态价值和经济价值的地点、易受海洋变化影响的地点、人为影响程度不同的地点）的压力源及其时间尺度；人类科学能力的发展应与技术进步（如传感器开发）同步进行。

联合国教科文组织宣布启动珊瑚礁紧急计划，通过全球珊瑚礁基金为珊瑚礁生存提供最佳机遇[①]。全球范围内，列入联合国教科文组织《世界遗产名录》的珊瑚礁总面积超过 50 万 km^2，其具有丰富的生物多样性，在吸收碳排放及保护海岸线免受风暴和侵蚀方面发挥着关键作用。此外，这些珊瑚礁直接维持着 100 多个土著社区的生存，其还是气候变化对各地珊瑚礁影响的参考。

珊瑚的白化速度比最初的科学预测要快得多。白化的珊瑚非常容易受到饥饿和疾病的影响，死亡率越来越高。珊瑚礁是联合国"海洋十年"的核心。从这项列入《世界遗产名录》的提高珊瑚礁复原力的新计划，到利用水质监测来保护坦桑尼亚的珊瑚礁，再到利用纳米技术增强加勒比地区珊瑚礁的复原力，珊瑚礁保护和恢复是"海洋十年"教科文组织批准的关键行动之一。

联合国开发计划署（UNDP）宣布启动一系列海洋承诺，补偿因海洋管理不善而造成的每年近 1 万亿美元的社会经济损失[②]。该计划将帮助包括所有小岛屿发展中国家在内的 100 个沿海国家通过可持续、低排放和气候适应型行动到 2030 年将其蓝色经济的潜力发挥到最大程度。过去 10 年对海洋经济的官方发展援助平均每年仅 13 亿美元，而用于海洋恢复和保护的公共和私人投资规模仍然严重不足。可持续发展目标 14（SDG14）仍然是资助力度最小的可持续目标，但在解决地球的三重危机方面具有变革性的巨大潜力。UNDP 承诺到 2030 年实现以下海洋承诺目标：①加快可持续的蓝色经济转型；②扩大区域海洋和沿海管理；③创新和资助海洋行动。

世界自然保护联盟（IUCN）发布了《公海生态系统的管理：大数据和人工智能》，以国家管辖范围以外海域（ABNJ）海洋空间管理的复杂性为侧重点，揭示了大数据和人工智能（AI）为未来全球海洋治理提供的潜在机遇[③]。报告得出以下结论：①实现完善的海洋治理与利用以大数据和人工智能为支撑的技术密不可分。②当前的技术旨在生成多元化且相关度较高的大量海洋数据，利用人工智能对大数据进行分析，对人类活动及其对复杂的海洋生物和环境生态系统的影响之间的关系提供必要的认识，通过向负责制定海洋治理政策的决策者提供信息以保障充分的证据支撑并确定完善的海洋治理的必要性，实现有力的、接近实时的海上态势感知，从而监督并执行人类相关活动，并在适当的情况下支持后续的司法行动，为保证当地海洋治理政策的有效性提供适当的措施，用于推进后续的审查、修订和发布。③为海洋治理提供证据支撑并实施海洋治理的长期障碍是数据共享、数据可用性、数据质量及其利用方式。解决上述问题是首要需求，同时也是诸多人工智能方法的前提。具体而言，与开放数据的驱动力相结合的数据共享和分析平台为技术化治理奠定了基础。④利用大数据和人工智能推动海洋治理的一项关键挑战在于对数据、方法和关键组织与平台的信任，以推动数据共享，增进理解。这涉及技术和人为因素，须建立对技术的信任，重点在于开放数据、算法和方法。⑤通过近实时的情景认识进一步了解人类对复杂海洋生态系统的影响，大数据和人工智能在确保完善的海洋管理方面发挥着重要作用。这反过来又强调了通过改进海洋政策和执行情况及

① Ocean: UNESCO launches emergency plan to boost World Heritage-listed reefs'resilience. https://www.unesco.org/en/articles/ocean-unesco-launches-emergency-plan-boost-world-heritage-listed-reefs-resilience.

② UNDP launches Ocean Promise. https://www.undp.org/sites/g/files/zskgke326/files/2022-06/UNDP_Ocean_Promise_V2.pdf.

③ The Sargasso Sea Commission and IUCN explore use of Big Data and Artificial Intelligence for management and conservation of high seas ecosystems. https://www.iucn.org/news/marine-and-polar/202203/sargasso-sea-commission-and-iucn-explore-use-big-data-and-artificial-intelligence-management-and-conservation-high-seas-ecosystems.

衡量现行和未来政策的有效性实现完善的海洋管理的必要性。目前仍存在须解决的问题，包括通过可查找、可访问、可互操作和可重复使用（FAIR）数据原则进行更多的数据共享，以及通过大数据标准化增强对数据信任度的必要性。

二、美国

美国国家科学技术委员会（NSTC）下设的海洋科学和技术小组委员会发布了《2022～2028年海洋科技机遇与行动》，指出当前发展海洋科技的行动与机遇，为未来 7 年的发展指明方向。报告提出 3 个交叉主题：①气候变化；②具有韧性的海洋科技基础设施；③多元化且具有包容性的"蓝色"劳动力队伍。《美国海洋科技：十年愿景》（Science and technology for America′s oceans: a decadal vision）确定了 2018～2028 年海洋科技事业面临的紧迫需求和机会领域，其中设立的 5 项目标均依赖于《2022～2028 年海洋科技机遇与行动》的 3 个交叉主题。《2022～2028 年海洋科技机遇与行动》包含与 3 个交叉主题相关的其他优先事项，旨在指导各个机构制定未来的联邦海洋研究执行计划。表 6-1 概述了 2018 年发布的《美国海洋科技：十年愿景》5 项目标与此次发布的《2022～2028 年海洋科技机遇与行动》3 个交叉主题之间的关系；表 6-2 对比了《美国海洋科技：十年愿景》提出的当前机遇和最新发布的《2022～2028 年海洋科技机遇与行动》提出的当前机遇；表 6-3 分析了此次发布的《2022～2028 年海洋科技机遇与行动》中当前机遇与 3 个交叉主题之间的关系；表 6-4 展示了联合国"海洋十年"的 7 项成果和美国对"海洋十年"贡献的交叉主题。

表 6-1　《美国海洋科技：十年愿景》5 项目标与《2022～2028 年海洋科技机遇与行动》3 个交叉主题之间的关系

目标	交叉主题		
	气候变化	具有韧性的海洋科技基础设施	多元化且具有包容性的"蓝色"劳动力队伍
了解地球系统中的海洋	了解人为气候变化下海洋环境的过去、现在和未来变化，对于实现《美国海洋科技：十年愿景》目标而言至关重要	健全的科技基础设施（岸上、海洋和空间）能够实现有效观测及数据采集、储存和分析，从而有助于更好地了解和预测海洋和地球系统的动态变化，以及对野生动物、环境和生态系统的影响	能够公平获得科技研究机会、进入海洋行业、使用具有包容性的科技设施，以及招聘并长期留用多元化的人员和团队，有助于构建全面的创新型情报体系，以更好地了解和预测环境变化
促进经济繁荣	海洋生物和非生物资源日益受到人为气候变化的影响，适应力是确保经济持续繁荣的必要条件	可持续海洋科技创新对于保持美国在全球海洋科学和工业领域的竞争力，以及推动美国经济发展而言至关重要	在海洋行业，不同种族、性别和其他社会背景的群体能够获得公平的参与度有助于推动形成创新型问题解决方案、加强合作，并有助于确保海洋研究活动的终端产品和服务能够满足每个人的需求
确保海洋安全	海洋和沿海环境中的人为气候变化对海洋贸易和国际关系产生了重大影响，尤其是在北极	通过新技术提供的数据、建模和服务将为战术模型和决策辅助提供参考，以供海洋从业者和军事行动及规划使用	通过来自不同社会背景和经济背景的人员组成的海洋素养与创新团队，打造一支多元化且具有包容性的"蓝色"劳动力队伍，有助于实现短期和长期的海洋安全，同时投资于下一代的海洋专业人员
保障人类健康	人为气候变化可能加剧对人类健康构成的威胁，如海洋病原体和有害藻华	加强有助于预测气候变化影响，如洪水、严重风暴和海平面上升，以及有害藻类暴发的海洋观测手段、技术和工具，对于降低沿海社区的风险和加深对长期威胁的了解而言至关重要	将"蓝色"劳动力中的公平性和多元化置于优先地位将对从业者在科学和专业工作中的体验产生重要影响（包括短期工作场所安全），并有助于加强科学事业的成果；个人经验多元化的加强将有助于提升应用科学成果的公平性，如保障人类健康
打造具有韧性的沿海社区	人为气候变化的影响可能影响地球的水文循环、增加洪水和风暴的强度、造成基础设施破坏及影响美国人口的其他间接经济和社会代价	用于研究和管理海洋环境与活动的科学基础设施和专业组织对于形成长期沿海韧性和为决策者提供有用和可用的知识及预测能力以了解风险和脆弱性而言至关重要	形成多元化且具有包容性的"蓝色"劳动力市场，将黑人、土著人民和其他沿海有色人种涵盖在内，因为这些人群往往处于气候变化影响的最前沿，应鼓励其共同开发有助于提高韧性和适应气候变化的知识、技能和资本

表 6-2　《美国海洋科技：十年愿景》和《2022～2028 年海洋科技机遇与行动》的当前机遇对比

《美国海洋科技：十年愿景》的当前机遇	《2022～2028 年海洋科技机遇与行动》的当前机遇
①在地球系统科学中完全纳入大数据手段；②推进观测与预测建模能力；③提升决策工具中的数据整合水平；④支持海洋勘探与表征；⑤支持正在开展的研究与技术合作	①推进海上风能开发；②协调打造沿海韧性的行动；③通过"美丽美国"计划保护关键的生态系统；④探索"蓝碳"解决方案；⑤支持国家海洋绘制、勘探和表征委员会的工作；⑥参与"海洋十年"

表 6-3　《2022～2028 年海洋科技机遇与行动》的当前机遇与 3 个交叉主题之间的关系

当前机遇	交叉主题		
	气候变化	具有韧性的海洋科技基础设施	多元化且具有包容性的"蓝色"劳动力队伍
推进海上风能开发	海上风能具有减小人为二氧化碳长期排放的潜力，后者导致气候变化并威胁海洋生态系统	包括海上风能在内的多样化能源对于打造具有韧性的可持续海岸线而言至关重要，同时也能支持新的科技基础设施，进而理解和保护重要的海洋资源	海上风能的迅速发展将创造数千个新的就业机会，有助于实现美国"蓝色"劳动力队伍多元化
协调打造沿海韧性的行动	政府各部门全面参与的沿海韧性手段有助于沿海社区及海洋和沿海行业有效预测和适应气候变化的影响，包括生物多样性的丧失和变化	提升沿海韧性工作的协调度有助于确保海洋科技基础设施在气候变化的背景下得以维护和升级	正在进行的和即将启动的沿海韧性计划有助于海洋科技界开发环境正义气候筛查工具，并提供将"蓝色"劳动力队伍的多元化和包容性列为优先事项的机会，同时确保受气候变化影响最严重的社区能够公平获取与减缓气候变化有关的规划和就业机会
通过"美丽美国"计划保护关键的生态系统	保护关键生境不仅可以增加基于自然的碳封存手段，还可以减缓气候的影响，如通过为迁徙物种提供生境或保护饮用水来源实现。此外，与气候影响相关的基本数据，如海洋酸化速度和环境变化背景下海洋生物变化的系统性观测有助于保护关键生态系统	建立保护区有助于确定基线研究和监测的优先目标，包括非常重要的长期观测网络	关键生态系统的保护、管理和恢复需要一支拥有当地传统生态系统专业知识的"蓝色"劳动力队伍
探索"蓝碳"解决方案	"蓝碳"生态系统有助于碳封存和碳储存，降低温室气体对气候变化的影响	将碳封存作为优先事项有助于部署与碳循环和海洋生物地球化学循环相关的研究基础设施，包括将长期监测和实验科学确定为优先事项，以确定深海碳循环的速度	正在进行的和即将启动的"蓝碳"和沿海韧性计划为将"蓝色"劳动力队伍的多元化和包容性列为优先事项提供了机会，并确保受气候变化影响最严重的社区获得与减缓和适应气候变化及生境恢复有关的规划和工作的平等机会
支持国家海洋绘制、勘探和表征委员会的工作	通过国家海洋绘制、勘探和表征获得的数据有助于为气候模型和预测提供信息，并将其置于长期变化的背景下	国家海洋绘制、勘探和表征的成功实施将取决于对新兴平台的测试和部署，尤其重要的是，自主式工具、平台和技术能够提供成本更低和效率更高的水文测绘数据，特别是在浅层水域	国家海洋绘制、勘探和表征战略中的绘制、勘探和表征数据能够支持风力、水产养殖和海运行业的公平协同发展，同时也提供致力于培养多元化科学、技术、工程和数学（STEM）劳动力的教育项目，为不断增长的"蓝色"经济提供动力
参与"海洋十年"	气候是一个需要全球解决方案的全球性问题，联合国"海洋十年"提供了在国际合作的基础上协调减灾和救灾行动的机会	联合国"海洋十年"框架内观测网络和数据共享方面的国际合作有助于推动以分布式参与为特点的全球科技基础设施，这种基础设施的根本在于韧性	全球对海洋科技促进可持续发展的关注推动了劳动力的增长，每个国家都可以参与"蓝色"经济，这有助于推动整个社区的公平经济发展

美国国家科学院（NAS）发布了《美国对"海洋十年"贡献的交叉主题》（Cross-cutting themes for U.S. contributions to the UN Ocean Decade），指出美国对联合国"海洋十年"的 7 项成果及其对"海洋十年"贡献的交叉主题之间的关系。联合国"海洋十年"的 7 项成果呼吁到 2030 年打造一个清洁、健康且有复原力、物产丰盈、可预测、安全、可获取和富于启迪并具有吸引力的海洋，这符合《美国海洋科技：十年愿景》等诸多报告所确定的目标。《美国海洋科技：十年愿景》提出了未来 10 年推动海洋科技的 5 个目标，包括：了解海洋、促进经济繁荣、确保海洋安全、保障人类健康和开发有复原力的沿海社区。2020 年，应美国国家海洋与大气管理局（NOAA）的要求，美国国

家科学院海洋研究委员会设立了"海洋十年"美国国家委员会，该委员会最初的主要作用是作为在美国各地开展"海洋十年"相关活动的信息中心，包括建立一个专门的网站、定期发布简报及召开公开会议和网络研讨会。此外，"海洋十年"美国国家委员会还发出"海洋之光"（ocean-shots）的呼吁，鼓励美国海洋科学界参与联合国"海洋十年"。

表 6-4　联合国"海洋十年"的 7 项成果和美国对"海洋十年"贡献的交叉主题

"海洋十年"的 7 项成果（即"海洋十年"结束时要实现的 7 项成果）	美国对"海洋十年"贡献的交叉主题
一个清洁的海洋	包容且公平的海洋
一个健康且有复原力的海洋	数据海洋
一个物产丰盈的海洋	揭示海洋
一个可预测的海洋	海洋恢复和可持续海洋
一个安全的海洋	实现气候韧性的海洋解决方案
一个可获取的海洋	健康的城市海洋
一个富于启迪并具有吸引力的海洋	

美国国会研究处发布了《联邦政府在海洋研发方面的参与》[1]，列举了美国联邦政府参与海洋研究、监测和技术开发的部门和机构，包括美国国家海洋与大气管理局、美国国家航空航天局（NASA）、美国地质调查局（USGS）、美国海洋能源管理局（BOEM）、美国国家科学基金会（NSF）和海军部海军研究办公室（Office of Naval Research of the Department of the Navy），并揭示了美国面临的海洋研究问题，包括：①与气候变化相关的海洋数据和研究需求；②深海勘探和测深数据的应用；③深海地质灾害；④深海环境保护；⑤深海自然资源。

美国海洋科学与技术小组委员会（SOST）下设的应对海洋酸化跨部门工作组（IWG-OA）发布了《联邦海洋酸化研究与监测战略计划草案》[2]，提出了开展海洋酸化研究与监测的 7 个主题：①通过研究认识对海洋酸化的响应；②监测海洋化学及生物影响；③改进海洋酸化生态系统和社会影响模型；④技术开发与方法的标准化；⑤评估社会经济影响并制定海洋生物和生态系统保护战略；⑥海洋酸化相关的教育、宣传与参与战略；⑦数据管理与整合。

美国白宫发布了美国政府推进海洋科技合作的 4 个重要领域，体现了美国政府对海洋发挥的核心作用的关注[3]。海洋可持续管理和基于海洋的气候危机解决方案是美国政府的主要优先事项，其成功与否取决于牢固的科学基础和政府内外部的合作。4 个重要领域包括：①打造新的海洋研究船；②探索海洋勘探新前沿；③推进海洋酸化研究和监测；④通过构建伙伴关系支持海洋学研究。

美国国家海洋渔业局和美国海洋能源管理局联合发布了《北大西洋露脊鲸与海上风能战略草案》[4]，旨在保护北大西洋露脊鲸并推动其恢复，同时以负责任的方式开发海上风能。该战略草案确定了以下 3 项战略目标，从而有助于更充分地认识海上风能开发对北大西洋露脊鲸及其生境的影响：①减缓和决策支撑工具；②研究与监测；③协作、沟通和宣传。

美国国家海洋与大气管理局国家海洋保护区办公室发布了《国家海洋保护区体系 5 年战略（2022～2027 年）》[5]，旨在从根本上改变国家海洋保护区及其他海洋保护区应对未来挑战的能力，保

---

① Federal Involvement in Ocean-Based Research and Development. https://crsreports.congress.gov/product/pdf/R/R47021

② Strategic plan for federal research and monitoring of ocean acidification. https://oceanacidification.noaa.gov/FederalStrategicPlan.aspx.

③ Biden-Harris Administration advances ocean science and technology through partnerships. https://www.whitehouse.gov/ostp/news-updates/2022/10/28/biden-harris-administration-advances-ocean-science-and-technology-through-partnerships/.

④ BOEM and NOAA Fisheries North Atlantic right whale and offshore wind strategy. https://www.regulations.gov/docket/BOEM-2022-0066/document.

⑤ Five Year Strategy for the National Marine Sanctuary System 2022-2027. https://sanctuaries.noaa.gov/about/2022-2027-five-year-strategy.html#.

护国家资源，并为未来海洋保护提供可借鉴的模式。报告提出以下 6 项目标：①确保健康且有复原力的国家海洋保护区及其他海洋保护区；②保护海洋和五大湖区更多具有国家和国际重要性的区域；③增加和扩大公众对海洋保护及其保护区体系的支持；④加深对保护区的认识；⑤投资基础设施，以满足当前和未来海洋保护区体系的需求；⑥确保一个包容且创新的工作场所。

美国国家海洋与大气管理局、澳大利亚联邦科学与工业研究组织（CSIRO）及澳大利亚地球科学局（Geoscience Australia）签署了关于合作推进太平洋地区勘探和绘制工作的谅解备忘录①。此项工作也是美国国家海洋与大气管理局和联合国"海洋十年"的一个主要优先事项。联合国"海洋十年"旨在汇集世界各地的利益攸关方，以改善海洋健康，并利用科学促进海洋可持续发展和保护。该合作将通过助力"日本基金会-世界大洋深度图 2030 年海底计划"（Nippon Foundation-GEBCO Seabed 2030 Project）直接支持联合国"海洋十年"。"日本基金会-世界大洋深度图 2030 年海底计划"是一项正式获批的"海洋十年"行动，旨在到 2030 年绘制世界洋底地图，并向所有人提供数据。新签署的谅解备忘录加深了美国和澳大利亚这两个海洋国家之间的长期关系，将有助于共享科学资源、人力、技术数据和产品及知识，以支持太平洋地区的海洋勘探。谅解备忘录将明确三家机构之间的合作，并为今后 5 年的活动提供一个法律框架。合作领域包括：交流与海洋绘制、勘探和表征相关的信息；确定技术差距；探讨联合规划和实施考察及活动的可能性。此外，谅解备忘录还支持美国政府在海洋勘探和《国家海洋绘制、勘探和表征战略》（National Strategy for Ocean Mapping, Exploration, and Characterization）中提出的优先事项。

美国国家海洋与大气管理局发布了《2021 年种群状况》②，概述了美国国家海洋与大气管理局渔业局管理的 460 多种鱼类现状，指出了美国重建和恢复其渔业的行动。此外，美国国家海洋与大气管理局还更新了《美国渔业》报告，指出了渔业的经济影响，并追踪了主要港口年度海产品消费量和生产力。报告指出，2021 年美国渔业保持稳定，90% 以上的鱼类种群目前未经历过度捕捞，80%的鱼类一直未经历过度捕捞；正在经历过度捕捞的种群数量稳定在 26 种，已经历过度捕捞的种群数量从 49 种增加至 51 种，增幅较为轻微；当年度捕捞速度过快时，种群就会出现在正在经历过度捕捞物种的名单上；当种群数量过低时，无论是源于捕捞还是其他原因，种群都会被列入已过度捕捞物种名单。数据还显示，2020 年美国的海产品产量下降了 10%，这很可能是受新冠疫情影响所致。美国国家海洋与大气管理局指出，《2021 年种群状况》显示，在美国竭力了解气候变化对渔业及其支撑的行业产生的影响之际，美国仍是可持续渔业管理领域的全球领导者。

美国国家海洋与大气管理局及其伙伴发布了《打击非法、未报告和不受管制（IUU）捕捞活动的新战略》③，详细阐述了未来 5 年美国在打击 IUU 捕捞活动和促进全球海洋安全方面的优先事项和计划。战略目标包括：①促进可持续渔业管理与治理；②加强对海洋捕捞活动的监测、防治和监视；③严格确保进行交易的海产品为合法、可持续和以负责任方式捕捞的海产品。

美国国家海洋与大气管理局渔业部为 36 项新的鱼道计划提供了近 1.05 亿美元资助，包括为满足部落优先事项和打造部落组织能力以支持其作为部落资源管理者而提供大量资助④。该笔资助将重新打开迁徙通道，并恢复美国各地鱼类和其他物种的生境。通过该笔资助，美国国家海洋与大气管理局将优先资助能够体现广泛的利益攸关方和社区支持、并采用包容性实践的计划，以鼓励不同

---

①　United States, Australia Ocean Science Agencies Team up to explore and map Pacific Ocean. https://oceanexplorer.noaa.gov/news/oer-updates/2022/us-australia-pacific.html.

②　Status of Stocks 2021. https://www.fisheries.noaa.gov/national/sustainable-fisheries/status-stocks-2021.

③　New U.S. strategy for combating illegal, unreported and unregulated fishing. https://www.noaa.gov/news-release/new-us-strategy-for-combating-illegal-unreported-and-unregulated-fishing.

④　NOAA announces historic funding for fish habitats across U.S. https://www.noaa.gov/news-release/noaa-announces-historic-funding-for-fish-habitats-across-us.

社会团体参与。受资助计划将涵盖所有鱼道类型，包括水坝拆除、鱼梯、水道改造和河流内鱼道改善。其中 15 项计划，包括逾 2630 万美元的资助，将由部落鱼道申请人牵头。其他的计划大都与部落优先事项一致，部落在通过决策和能力建设帮助恢复具有重要部落意义的洄游鱼类方面发挥关键作用，并提供社区和经济效益，如就业和培训机会。

美国国家海洋与大气管理局牵头，美国国家航空航天局、美国环保署（EPA）、美国地质调查局、联邦紧急事务管理署、美国陆军工程兵团联合发布了《2022 年海平面上升技术报告》[①]，提供了从目前至 2150 年的海平面变化预测，以帮助各地应对海平面上升带来的威胁。报告的主要结论如下：①预计未来 30 年（2020～2050 年）美国海岸线沿线海平面将平均上升 25～30cm，相当于过去 100 年（1920～2020 年）的增幅总和；②洪水的破坏性将进一步加剧；③当前和未来的排放水平非常关键，按照目前的排放量趋势，2020～2100 年美国沿岸海平面上升约 60cm 的可能性会越来越大，如果未来的排放得不到控制，到 21 世纪末，可能会导致海平面额外上升 50～150cm，海平面上升总幅度达到 110～210cm；④持续追踪海平面变化的轨迹和成因是为适应性计划的制定提供指导的一个重要部分。

三、欧洲

英国国家海洋学中心（NOC）和斯坦福大学（Stanford University）联合启动"利用公民科学监测人为颗粒和浮游生物"（monitoring anthropogenic particles and plankton using citizen science，MAPPS）计划[②]，以增进对英国浮游生物群落和微塑料传播的认识。通过 MAPPS 计划，研究人员将结合低成本设备、公民科学和科学家的力量，提高在水生环境中进行采样的时空分辨率。微塑料的危害可能波及整个生态系统，引发全球关注。但是，要揭示微塑料在海洋中的传播情况，以及微塑料与浮游生物的相互作用，需要大量的数据。为填补这一数据空白，在 MAPPS 计划中，公民科学家将利用 PlanktoScope 生成微塑料和浮游生物时间序列。该计划的另一个目标是为人为产生的颗粒，特别是微塑料，创建并验证首个分类器，这意味着纤维和微小的塑料碎屑图像可被自动归类为人为微粒。在整个水生系统中，分布着大量的微塑料。但在英国河流和海岸，针对该领域的研究较少。因此，这将为研究英国水生生境中人为微塑料的污染情况提供初步认识。英国自然环境研究理事会（NERC）和英国皇家学会（Royal Society）将共同资助微塑料采集和浮游生物数据取样活动。MAPPS 计划将确保科学界能够向公众有效传播关于浮游生物在生物地球化学和环境健康方面重要性的知识，鼓励公众参与其中并提供独特的学习经验。

普利茅斯海洋实验室（Plymouth Marine Laboratory）牵头的"浮游生物自动原位成像和分类系统"（APICS）获得 65.1 万英镑资助，将推动海洋浮游生物监测频率、持续时间和范围的重大改进[③]。APICS 是英国自然环境研究委员会（NERC）为英国环境科学设备提供的 660 万英镑资助计划的一部分。该系统主要针对西部海峡观测站（西英吉利海峡的海洋生物多样性参考站点）的远程部署，通过两台先进的水下设备（一台成像机器人和一台浮游生物成像仪）采集各种大小的浮游生物图像，接着利用机器学习软件自动分类。这一创新型自动化技术将从根本上改进人们对环境变化对浮游生物影响的认识，目前相关观测活动仍由研究人员人工完成。APICS 在全球范围内首次实现在亚日时间尺度上对浮游生物的自主、长期和宽范围的光谱测量。此外，通过使用可再生能源为设备供电，并减少对研究船的依赖，该计划将支持向净零海洋学迈进。APICS 系统将于 2023 年年初投

---

① 2022 sea level rise technical report. https://oceanservice.noaa.gov/hazards/sealevelrise/sealevelrise-tech-report.html.

② Citizen Science project to investigate the UK's plankton communities underway. https://noc.ac.uk/news/citizen-science-project-investigate-uks-plankton-communities-underway

③ Advanced monitoring of plankton using AI technology receives major funding boost.https://pml.ac.uk/News/Advanced

入运行，对西部海峡观测站的现有设备起到了补充作用，为研究物理、化学和生物变量之间的关系建立了一个独特的系统。借助该系统，普利茅斯海洋实验室（PML）研究人员能够更详细地研究浮游生物丰度的变化趋势，从而有助于更好地认识浮游生物群落的变化，以及浮游生物与整个海洋生态系统之间的关系。这笔投资标志着英国环境科学基础设施的重大升级，为研究人员提供了推进其研究所需的工具。

英国发布了《英国海洋地理空间数据的未来》，指出随着英国海洋地理空间领域合作加强，英国将极大地改进从全球海洋中采集数据的方法，并对未来提高数据质量提出了建议[①]。该报告的编写初衷是为了响应地理空间委员会（Geospatial Commission）就如何通过地理空间数据支撑英国经济增长和生产力提升发出的行动呼吁。鉴于此，受地理空间委员会委托，英国水文测量局（UKHO）与英国商业、能源和工业战略部（BEIS）设立了海洋地理空间证据数据库。报告指出，英国应致力于整个海洋地理空间领域的协作、合作和一体化。加强协作将有助于落实所有相关建议，英国应全力制定共同的数据标准，包括投资技能和知识，简化现有标准及采用必要数据标准。英国应创建一个海洋地理空间数据中央储存库，同时尊重知识产权，应包含共同服务、目录访问和单一访问入口。英国应致力于由适合的机构协调数据采集工作，包括共享采集活动和筹资计划。英国还应考虑为私营部门和公共部门之间的开放数据举措提供资助、鼓励或立法。

欧盟发布了第5版《欧盟蓝色经济报告：海洋经济推动欧洲绿色转型》[②]，评估并揭示了与海洋和沿海地区相关的经济行业最新动态和发展。欧盟蓝色经济领域从业者近450万人，蓝色经济规模超过6650亿欧元，总附加值达到1840亿欧元，极大地推动了欧盟经济发展，尤其是沿海地区。此外，报告指出，欧盟蓝色经济正在孕育创新型解决方案和技术，这有助于应对气候变化，并将蓝色转型推向新阶段。报告还指出，一些较为成熟的行业，包括海洋生物和非生物资源、海洋可再生能源、港口活动、造船和修理、海运和沿海旅游业，在2019年仍然是欧盟蓝色经济的支柱。与上一年相比，这些行业的总增加值增长了4.5%，达到1840亿欧元，总利润增长7%，达到729亿欧元，就业人数保持稳定，约为445万人。由于过去10年这些行业的增长趋势加快，总增加值自2009年以来总体增长了20%以上，总利润增长了22%，总交易额增长了15%。在这些行业中，尤其瞩目的是生物资源行业和海洋可再生能源行业的发展。在过去10年中，生物资源行业的总利润增长了41%，在2019年达到72亿欧元，成为继造船和修理业之后增长速度最快的行业。海洋可再生能源行业是实现《欧洲绿色协议》（European Green Deal）和欧盟能源战略目标的关键推动因素，该领域就业人数比2018年增长了17%。除了较为成熟的行业，该报告还指出了蓝色经济进一步增长的巨大潜力，包括发展蓝色生物经济、蓝色技术创新、机器人技术及海洋能源技术等高创新水平的新兴行业。虽然这些技术整体上处于初级阶段，但具备提供可持续解决方案的潜力，从而加快欧盟实现其可持续性承诺所需的转型。只有实现上述转型，海洋才能继续提供重要的生态系统服务，如维持生物多样性、碳捕集、提供粮食和材料。但是，海洋生态系统正受到气候变化和塑料垃圾、过量营养物和化学污染物的污染造成的压力。为应对这些压力的长期影响，欧盟竭力监测和预测潜在趋势，并据此为欧盟决策活动提供指导。

欧盟发布了《联合国海洋治理框架对执行欧盟海洋空间规划指令的影响》[③]，揭示了联合国海洋治理背景下的海洋空间规划，从航运、渔业和水产养殖业、能源、海底采矿、贸易和劳动力、海洋

---

① Advanced monitoring of plankton using AI technology receives major funding boost. https://pml.ac.uk/News/Advanced-monitoring-of-plankton-using-AI-technology

② EU Blue Economy report: ocean economy fuels European green transition. https://ec.europa.eu/oceans-and-fisheries/news/eu-blue-economy-report-ocean-economy-fuels-european-green-transition-2022-05-18_en.

③ The Implications of the Ocean Governance Framework established by the United Nations for the Implementation of the EU MSP Directive. https://cinea.ec.europa.eu/publications/implications-ocean-governance-framework-established-united-nations-implemen.

科学研究六个方面揭示了海洋空间规划的应用及其重要性。

　　欧洲海洋局（EMB）发布了《揭示欧洲海洋地质灾害的潜在威胁》[①]，指出了欧洲沿海地区潜在的地质威胁，并对未来的研究与政策提出了建议。由于难以借助当今的技术进行监测，目前对海洋地质灾害的认识和表征程度较低。这意味着无法获得大多数欧洲海洋详细且完整的海洋地质灾害地图。为采集开展概率风险评估所需的关键数据，须对欧洲海洋地质灾害特征和表现形式进行普查，包括对过去的海洋地质灾害事件提供详细的表征并对其频率进行评估。鉴于海洋地质灾害不可避免，且未来一定会出现，因此风险减缓措施应侧重于降低风险（暴露程度和脆弱性）和提高韧性。这些措施应以与过去事件、其触发机制及其影响传播相关的科学知识为依据。因此，报告提出了以下建议：①将海洋地质灾害作为自然灾害纳入欧洲、区域、国家和地方各个层面与风险减缓和土地管理相关的所有政策中；②在地方、国家和欧盟层面的海洋立法中将海洋地质灾害作为考量因素，如《欧盟海洋空间规划指令》、与海岸带综合管理相关的立法及与可持续蓝色经济的安全开发有关的举措；③要求公共机构利用海底基础设施开展环境和地质灾害监测；④为主要沿海居所和工业基础设施制定针对海洋地质灾害风险的概率场景；⑤设立利益攸关方论坛，确保研究界和利益攸关方能够开展持续对话，确定知识缺口和技术需求，可通过将其作为欧盟海洋地质灾害具体研究计划的一部分实现；⑥在欧洲重点地区设立海洋地质灾害原位实验室，侧重于研究、设施和原位模拟；⑦推动制定海洋地质灾害解释和绘制的共同标准，以完成对欧洲海洋地质灾害特征的普查，确保实施欧盟整体参与的手段，以推动蓝色经济的安全开发；⑧向科学界提供原始数据和统一解释，以应用先进的分析技术，为全面的海洋地质灾害研究提供支撑；⑨将长期原位地质灾害监测与海底绘制和地质灾害研究相结合，以识别远距离信号；⑩支持技术进步，提高传感器的监测能力和普及度。

　　欧盟宣布向"数字孪生海洋"（Digital Twins of the Ocean，ILIAD）计划提供 1700 万欧元资助，用于开发并启动"数字孪生海洋"，为全球海洋未来发展提供准确预测[②]。ILIAD 计划由来自欧洲、中东和北非 18 个不同国家的 56 个合作伙伴实施，是欧盟 10 亿欧元"欧洲绿色协议"的一部分。此计划已通过"欧盟地平线 2020 研究和创新计划"获得资助，将开发能够准确反映海洋变化和过程的虚拟模型，并将高分辨率建模与实时海洋参数感应、先进的时空事件预测算法和模式识别相结合。同时，该计划将利用不同的地球资源和包括物联网、社交网络、大数据、云计算等在内的现代化计算设施提供的海量新数据实现可共同操作的、数据密集的和具有成本效益的模型的商业化。此外，ILIAD 计划还将创建一个市场，用于发布与 ILIAD 孪生海洋相结合的应用程序、插件程序、接口程序、原始数据、公民科学数据、综合信息和增值服务。

　　法国启动了人工智能支持海洋生物多样性计划。在法国开发署（AFD）的资助下，法国国家研究总署发起了名为"IA-Biodiv 挑战"的科学挑战计划，旨在借助人工智能（AI）的力量应对海洋生物多样性问题[③]。目前共有 3 个团队的项目被该计划选中，从 2022 年 2 月 23 日起，这些研究团队将参与为期 4 年的"IA-Biodiv 挑战"，并着重解答以下问题：①应该开发哪些类型的预测模型；②如何设计更有效的指标来预测和评估受气候变化或 / 和人为活动影响的生物多样性变化。通过支持有助于开发创新型人工智能方法的多学科研究计划，"IA-Biodiv 挑战"旨在预测生物多样性变化并制定可靠的指标。相关研究将集中应对地中海和太平洋海洋环境中的生物多样性问题。"IA-Biodiv 挑战"是 2018 年推出的《国家人工智能战略》研究系列的一部分，旨在加强法国在该领域的地位。

① Uncovering the hidden threat of marine geohazards in Europe. https://marineboard.eu/publications/uncovering-hidden-threat-marine-geo-hazards-europe.

② EU awards € 17 million to ILIAD project to launch an innovative digital twin of the ocean. https://www.prnewswire.com/news-releases/eu-awards-17-million-to-iliad-project-to-launch-an-innovative-digital-twin-of-the-ocean-301469762.html.

③ Artificial intelligence in support of marine biodiversity: introducing an unprecedented international scientific challenge. https://www.afd.fr/en/presse-release/artificial-intelligence-in-support-of-marine-biodiversity?origin=/en/actualites/communique-de-presse.

"IA-Biodiv 挑战"将实现以下 3 个目标：①优化 AI 方法以改进海洋生物多样性研究；②设计创新型预测模型和指标；③开发综合性 AI 方法，旨在加深人类对海洋环境的了解。选中的 3 个项目详情如下：①海洋生态系统人工智能（AIME）项目；②用于生物多样性研究的 AI 技术（SMART-BIODIV）项目；③预测珊瑚礁鱼类生物多样性（FISH-PREDICT）项目。

欧洲海洋局（EMB）发布了《欧洲的海洋科学传播：未来的前进道路》①，指出随着新的海洋挑战和机遇出现，以海洋和以解决方案为导向的科学交流需求凸显。在此背景下，加强欧洲海洋科学交流能力、制定专门的培训计划、与利益攸关方开展更深入和更广泛的合作，以及确保与"海洋十年"（2021～2030 年）和欧盟使命——到 2030 年恢复我们的海洋和水域之间的密切互动很有必要。

四、其他国家和地区

欧盟和加拿大加强海洋观测和保护合作。2022 年 10 月 3～4 日，首届"欧盟-加拿大海洋伙伴关系论坛：通过国际合作支持健康和可持续的海洋，以加强知识和数据共享"在布鲁塞尔举行②。此次会议汇集了来自欧盟和加拿大海洋观测和数据机构的高级代表及管理人员，旨在加强在海洋观测和数据共享这一互惠领域的合作。会议涉及的主要内容包括：通过跨大西洋合作加强全球海洋观测，全球背景下的欧盟海洋观测、数据目标及其优先事项，以及欧盟和加拿大海洋伙伴关系协定。

加拿大为保护和恢复海洋生物多样性提供逾 2 亿加元资助③。加拿大海洋与渔业部（Fisheries and Oceans Canada）在《联合国生物多样性公约》第 15 次缔约方大会（COP 15）上宣布为加拿大各地的海洋恢复、保护和研究提供 2.275 亿加元资助，从而通过加深对海洋环境的了解、恢复水生生境和推进保护倡议进一步推动加拿大在海洋保护方面的行动。具体资助包括：①未来 5 年向水生生态系统恢复基金（Aquatic Ecosystems Restoration Fund）投资 7500 万加元，作为扩充后的"海洋保护计划"（Oceans Protection Plan）的一部分，以支持有助于保护和恢复重要的沿海和上游水域的计划；②未来 3 年通过"生态系统和海洋捐助计划"（Ecosystem and Oceans Contribution Program）追加 750 万加元投资，用于资助科学活动和研究，以支持海洋保护工作；③初步投资 690 万加元，用于开展首轮全国倡议征集，旨在通过"海洋管理捐助计划"（Oceans Management Contribution Program）征集倡议，以推动全国范围内的宣传、监测、管理和能力建设举措，以保护海洋地区。这是 5 年内提供 1.45 亿加元的大型资助计划的一部分，用于支持与主要伙伴的合作。加拿大在保护海洋水域方面取得了历史性进展，从 2015 年不到 1% 的受保护水域覆盖率增加至目前的 14% 以上。加拿大将继续采取大胆行动，到 2025 年保护 25% 的海洋，到 2030 年保护 30% 的海洋。根据 2022 年预算，加拿大将在未来 9 年提供 20 亿加元，以更新加拿大的"海洋保护计划"，并将其工作扩展到新领域。自 2016 年以来，加拿大为"海洋保护计划"提供了 35 亿加元，这是加拿大为保护其海岸和水道做出的最大投资。

挪威以海洋科学促进可持续发展为重点，继续支持联合国教科文组织④。挪威宣布捐助 1450 万挪威克朗（约 140 万美元），用于继续支持联合国教科文组织开展海洋科学研究和形成基于知识的解决方案，以推进《联合国 2030 年议程》及其可持续发展目标。挪威将通过挪威开发合作署

---

①　Marine science communication in Europe: a way forward. https://marineboard.eu/publications/marine-science-communication-europe-way-forward.

②　Strengthening EU-Canada collaboration on ocean observation and protection. https://www.eu4oceanobs.eu/strengthening-eu-canada-collaboration-on-ocean-observation-and-protection/.

③　Protecting and restoring biodiversity in the Canadian marine environment. https://www.canada.ca/en/fisheries-oceans/news/2022/12/government-of-canada-expands-efforts-to-protect-and-restore-marine-biodiversity.html.

④　Norway continues its support to UNESCO with focus on ocean science for sustainability. https://www.oceandecade.org/news/norway-continues-its-support-to-unesco-with-focus-on-ocean-science-for-sustainability/.

（Norad）提供 1300 万挪威克朗（约 130 万美元）资助，用于支持联合国"海洋十年"及政府间海洋学委员会的核心活动，支持发展中国家深化认识，以加强气候行动、生物多样性、水和海洋管理及减少灾害风险。此外，挪威教育研究部（MoER）连续第 4 年向政府间海洋学委员会资助 150 万挪威克朗（约 15.1 万美元）。该笔资助将根据成员国集体商定的优先事项加强政府间海洋学委员会的核心计划。挪威长期以来是政府间海洋学委员会的主要捐助方，并在 2018～2020 年整个筹备阶段完全参与了"海洋十年"。挪威积极支持"海洋十年"，包括制定"海洋十年"国家行动计划并设立多个利益攸关方参与的"海洋十年"国家委员会。此外，挪威是"海洋十年"联盟的主要成员。除了"海洋十年"，Norad 还将支持政府间海洋学委员会的核心计划，包括能力开发活动，尤其侧重于增加"具有海啸适应力"的小岛屿发展中国家数量，并在政府间海洋学委员会海洋最佳实践计划覆盖的加勒比地区设定一个试点，从而促进与海洋数据和信息相关的国际公开交流与合作。

第二节　热点研究方向

在对 2022 年全球海洋研究论文进行梳理后，遴选出 5 个重要的研究热点领域和方向：海洋生物地球化学观测系统进一步完善、深海研究取得诸多突破但仍需深入、海洋生态系统方面获得多项新发现、新兴技术助力海洋观测手段、气候变化对海洋生物多样性的影响备受关注。

一、海洋生物地球化学观测系统进一步完善

目前物理海洋基本变量观测系统较为完善，生物地球化学观测系统亟待扩展[1]。英国国家海洋学中心（NOC）成功部署 15 个生物地球化学剖面浮标（BGC-Argo）[2]，以助力全球 Argo 计划，进而加深对 2000m 深度处海洋过程的理解。此次部署的机器人浮标占英国对 BGC-Argo 浮标贡献总量的 50%，是海洋数据的重要来源，有助于改变对 2000m 深度处海洋过程的理解，也是 NOC 在大西洋开展的"迅速的气候变化"（RAPID）考察计划的一部分。NOC 研究人员将通过该计划为用于测量洋流和观测短期天气和长期气候影响的浮标设备提供服务。这些浮标 2021 年获得了英国自然环境研究理事会（NERC）和 NOC 提供的 370 万英镑的资助，成功实现了从海洋表面到 2000m 深度的 24h 循环，朝着提升英国海洋观测能力的行动迈出了一大步。与之前的机器人浮标相比，新的 BGC-Argo 浮标搭载了新的传感器，可测量压力、温度、盐度、pH、氧气、硝酸盐、叶绿素、漂浮在海水中的颗粒和光线水平。Argo 浮标数据几乎可以实时获得，有助于全球科学家解答与海洋在吸收人类碳排放方面的作用及导致全球海洋中氧气含量减少的过程相关的基本问题。此次部署的 BGC-Argo 浮标是英国首次投放的可测量总计 6 项变量的浮标。BGC-Argo 浮标计划部署 1000 个可测量 6 项变量的 BGC-Argo 浮标，与 2500 个核心 Argo 浮标和 1000 个深海 Argo 浮标（测量 6000m 深度的温度和盐度）共同把握全球海洋的脉搏，此次的部署朝着该计划迈出了重要一步。试验成功后，新浮标将部署在大西洋的不同地点，在海洋表面和 2000m 深度之间采集观测数据，连续作业约 5 年。下一次将再资助 15 个 Argo 剖面浮标，完善英国大西洋生物地球化学 Argo 浮标网络（ASBAN-UK），为研究人员认识海洋和气候变化铺平道路，并改进对规划、资源管理、政策制定和海洋健康恢复的预测。随着《政府间气候变化专门委员会（IPCC）第六次评估报告》的发布和"全球气候观测系统（GCOS）执行计划"的启动，海洋观测被置于气候行动的前沿[3]。IPCC 和 GCOS

---

① State of the ocean report 2022: pilot edition. https://unesdoc.unesco.org/ark:/48223/pf0000381921.

② UK's new fleet of advanced robotic floats deployed as part of global Argo programme. https://noc.ac.uk/news/uks-new-fleet-advanced-robotic-floats-deployed-part-global-argo-programme.

③ Recognising the significance of ocean observing for climate change. https://ioc.unesco.org/news/recognising-significance-ocean-observing-climate-change.

有着密切的关系，由 GCOS 支持的气候观测活动能够为作为 IPCC 报告基石的科学研究提供支撑。此外，GCOS 将 IPCC 报告作为衡量因素，以建立一个更适合的观测系统。IPCC 报告指出，风速较高的持续性风暴，即 3～5 级的风暴在过去 40 年中很可能有所增加。海洋观测数据证实，海洋正在吸收化石燃料燃烧产生的温室气体中 90% 以上的过剩热量，而海水变暖及其热量则会导致并加剧飓风。IPCC 报告还指出，人为气候变化导致海洋和沿海生态系统面临前所未有的状况，已经对海洋生物、经济、工业和社区产生了深远影响。《2021 年 GCOS 现状报告》指出，海洋观测往往通过短期研究资助开展，因此长期气候记录的发展较为薄弱。此外，IPCC 报告指出，在大陆边界、极地海洋和边缘海洋处仍存在关键差距。海洋观测活动受到更多重视，尤其是在联合国气候变化框架公约（UNFCCC）第 26 次缔约方会议（COP26）之后，UNFCCC 和世界气象组织（WMO）进一步推动海洋观测活动，因为这是减缓飓风等极端天气影响的唯一途径。虽然海洋观测活动得到了极大推动，但仍需要更多原位观测。

二、深海研究取得诸多突破但仍需深入

深海研究取得多项突破，但知识差距仍然存在，科学界对海洋生物的现状、变化和多样性及其结构、功能和临界点的认识仍然存在根本差距。2022 年 7 月 21 日，美国国家科学院院刊（PNAS）刊登了一项由斯克利普斯海洋研究所（Scripps Institution of Oceanography）牵头完成的新研究，文章指出，研究人员在东太平洋海隆地壳板块断裂处发现了一个名为 YBW-Sentry 的热液场，该发现可能会改变研究人员对这一海底热液喷口系统对海洋生命和化学影响的认识[①]。

新发现的热液场位于距墨西哥西部海岸约 200mile 处。热液喷口及其热液场的面积相当于一个足球场，大约是距离该区域最近的活跃热液喷口面积的 2 倍。研究小组从"黑烟囱"中采集了液体，并对其地球化学特征进行了分析，这些特征可揭示液体形成的温度。较高的温度可能是火山爆发的征兆。与此同时，研究小组安装了液体温度自动记录仪，每隔 10min 在活跃的喷口烟囱处进行 1 次测量。温度测量值提供了热液喷口变化的时间序列。研究区域共分布着 9 个热液喷口。2018～2021 年，研究小组借助伍兹霍尔海洋研究所（WHOI）国家深潜设施部门提供的 Sentry 号自主式水下深潜器开展了近海底测深调查，绘制了 1m 分辨率地图，揭示了微小的海底特征。研究小组发现，YBW-Sentry 不但非常活跃，而且面积很大，初始温度也很高，超过了过去 30 年来在东太平洋海隆地区发现的其他热液场。研究人员表示，此前的 2 次热液喷发均出现在该地点，时间分别为 1991～1992 年及 2005～2006 年。据研究小组预测，下一次喷发可能在未来几年内出现。

三、海洋生态系统方面获得多项新发现

研究人员在塔希提岛海岸发现了全球最大的珊瑚礁之一。2022 年 1 月 20 日，联合国教科文组织宣布，受其支持的科学研究小组在南太平洋群岛法属波利尼西亚的塔希提岛海岸发现了全球最大的珊瑚礁之一[②]。新发现的珊瑚呈玫瑰状，位于 30～65m 深度处，其原始状态和广阔的面积证实了该发现的重要价值。初步迹象表明，由于其深度超过 30m，因此未受到全球变暖造成的白化影响。其深度也造就了该珊瑚礁的独特之处，因为目前世界上已发现的绝大多数珊瑚礁位于 25m 左右的深度处。玫瑰状珊瑚的直径高达 2m，而珊瑚礁本身的宽度则为 30～65m。联合国教科文组织方面表示，该发现表明，在海洋"暮光区"，即深度超过 30m 的地带，仍分布着大量的大型珊瑚礁。目前仅有

---

① Discovery of active off-axis hydrothermal vents at 9°54′N East Pacific Rise. https://www.pnas.org/doi/10.1073/pnas.2205602119.

② Rare coral reef discovered near Tahiti by a UNESCO mission.https://en.unesco.org/news/rare-coral-reef-discovered-near-tahiti-unesco-mission.

20% 的海底区域得以绘制，该研究进一步加深了人类对海底的认识。此次的考察活动是联合国教科文组织海洋绘制计划的一部分，发现面积如此之大的珊瑚礁具有重要意义。这些珊瑚礁为其他生物提供了重要的食物来源，有助于开展生物多样性相关研究。珊瑚礁上的生物对于医药研究同样重要。此外，从可持续发展的角度来看，珊瑚礁作为保护屏障能够防止海岸侵蚀，甚至海啸。研究人员表示，法属波利尼西亚在 2019 年经历了一次重大的白化事件，但这片珊瑚礁未受到严重影响。该发现表明海底更深处的珊瑚礁或许具备更强的抵御全球变暖的能力，为未来的保护带来了希望。到目前为止，科学界对深度超过 30m 的珊瑚礁开展的研究很少。但是，随着技术的进步，有望实现在 30m 深度以下开展更长时间的研究。该研究小组开展了约 200h 的潜水活动并见证了珊瑚产卵过程。研究小组计划在未来几个月进一步开展潜水活动，以持续推进珊瑚礁研究。

2022 年 11 月 1 日，《自然·通讯》（*Nature Communication*）刊登了一项由加拿大卡尔顿大学（Carleton University）牵头的国际研究小组完成的新研究，研究人员在巴哈马群岛绘制了全球最大的海草生态系统，将全球海草覆盖面积扩大了约 41%[1]。研究人员为虎鲨佩戴了测量仪器，将其投放在海底采集数据，并将采集到的海底数据与最新的实证遥感产品相结合。此外，研究人员通过潜水员参与的 2542 次考察开展了广泛的实况调查。研究表明，巴哈马群岛沿岸的海草面积至少为 6.6 万 km²，最高可达 9.2 万 km²，其面积大约相当于佛罗里达面积的一半。海草在千年尺度上的碳封存速度是热带雨林碳封存速度的 35 倍。据研究小组估计，新绘制的巴哈马群岛海草生态系统能够储存 6.3 亿 t 碳，占地球海草草甸中碳封存总量的 19.2%～26.3%。下一步，研究人员将利用更多的海洋动物，包括翻车鲀，以发掘更多的海底草甸。

2022 年 12 月 21 日，《自然》（*Nature*）刊登了一项伍兹霍尔海洋研究所研究人员牵头完成的新研究，在西太平洋热带地区帕劳岩石群岛（Rock Islands）发现了一种常见珊瑚物种的遗传亚种群，对与海洋热浪相关的极端高温表现出明显的耐受性，此外，研究人员发现这些珊瑚的幼虫正从帕劳潟湖深处的繁衍区向外礁转移，在这些地区生存，并保持其耐热能力[2]。该发现有助于珊瑚礁管理者开发抵御海洋变暖的新防护措施。该研究成果具有重要意义，因为该研究将珊瑚遗传学特征与保存在其骨骼中的白化历史记录相结合，揭示了极端生境中具有耐高温能力的珊瑚在珊瑚礁中的分布，对于改善海洋升温背景下珊瑚群落的预测而言至关重要。该研究将为伍兹霍尔海洋研究所、大自然保护协会（Nature Conservancy）和斯坦福大学（Stanford University）共同发起的"超级珊瑚礁倡议"（Super Reefs Initiative）奠定科学基础。"超级珊瑚礁倡议"旨在确定具备海洋热浪抵御能力的珊瑚群落，并与当地社区和政府合作保护这些珊瑚群落。

四、新兴技术助力海洋观测手段

国际研究实现对北极海冰厚度的全年测量。2022 年 9 月 14 日，《自然》（*Nature*）刊登了一项由英国国家海洋学中心（NOC）、挪威北极大学（Arctic University of Norway）、布里斯托大学（University of Bristol）和伦敦大学学院（University College London）联合完成的新研究，可利用卫星测量实现对北极海冰厚度的全年测量[3]。

北冰洋不仅是一条非常重要的航线，还对天气和气候预报而言至关重要。该研究将对北冰洋的航运产生重要影响。近年来，受海冰融化的影响，北冰洋航运迅速增长。仅在过去 10 年，进入北

---

[1] Tiger Sharks Support the Characterization of the World's Largest Seagrass Ecosystem. https://www.nature.com/articles/s41467-022-33926-1.

[2] Palau's warmest reefs harbor thermally tolerant corals that thrive across different habitats. https://www.nature.com/articles/s42003-022-04315-7.

[3] A year-round satellite sea-ice thickness record from CryoSat-2. https://www.nature.com/articles/s41586-022-05058-5.

极的船只数量就增加了 25%，尤其是巴伦支海和斯瓦尔巴德群岛附近夏季航运活动非常频繁。海冰对中小型吨位船只构成的危险尤其严重。要实现航行安全，船只需提前得到关于海冰位置和海冰厚度的准确信息。

早在 20 世纪 80 年代，研究人员就借助卫星测量北极地区的海冰厚度。但是这项技术只在冰雪寒冷干燥的冬季奏效（10 月至次年 3 月），因为卫星无法区分融冰和海水。为应对这一问题，研究人员采用了人工智能（AI）方法，利用卷积神经网络（convolutional neural network）方法对海冰和开放水域的海水进行分类，并对卫星数据进行分析。研究人员因此能够识别卫星观测到海水，而非融冰的时间。其优点是提高了卫星厚度测量的可靠性，并将海冰预报的时间提前了几个月。此外，研究人员还建立了卫星传感器的新计算机模型，以确保其测量高度和厚度的准确性。研究小组开发了首个显示整个北极地区全年海冰厚度的数据集。

五、气候变化对海洋生物多样性的影响备受关注

海洋持续变暖或将引发 2.5 亿年以来最严重的海洋生物灭绝。2022 年 4 月 28 日，《科学》（Science）期刊发表了一项由华盛顿大学和普林斯顿大学研究人员联合完成的新研究，警告称如果不严格控制温室气体污染，全球变暖或将引发自二叠纪（Permian）末以来最严重的海洋物种灭绝[①]。二叠纪出现在距今约 2.5 亿年前，在二叠纪末期的生物大灭绝期间，高达 90% 的海洋生物在温度过高、酸性加剧和缺氧的海洋环境中死亡。二叠纪末的大灭绝事件是地球史上最严重的大规模灭绝事件，导致一半以上的生物消失，包括 70% 以上的陆地脊椎动物。引发这一灾难性变化的原因可能是持续了 200 万年的巨型火山喷发。但 2021 年的一项研究表明，目前人类活动产生的二氧化碳排放量是二叠纪时期二氧化碳排放量的 2 倍。研究人员表示，目前的海洋温度和氧气水平已经接近导致珊瑚和北极鳕鱼等部分物种死亡的临界点，并有可能威胁更多物种。研究人员之所以选择二叠纪灭绝作为参照点，一个原因在于二叠纪时期的气候变化看似与当前的气候变化类型最相关。两者有很多相似之处，包括二氧化碳驱动的变暖、氧气流失，以及海洋生物圈的巨大反应。此外，研究人员希望通过地质记录中最清晰、强度最高的信号评估其结果。包括全球变暖在内的人类影响可能已经引发了第 6 次大规模灭绝，虽然其规模目前尚未明确，但有明确警告信号表明，在人类活动的重压下，全球生物多样性正在崩溃。2022 年发表在《自然》（Nature）上的一项研究指出，21% 的爬行动物面临灭绝的危险。据科学家估计，包括鸟类在内的 10 亿多只海洋生物死于 2021 年夏季太平洋西北地区的极端热浪。最新的全球评估表明，40.7% 的两栖动物、25.4% 的哺乳动物和 13.6% 的鸟类面临灭绝的危险。此外，海洋变暖导致许多珊瑚礁生态系统进入功能性灭绝的境地。其他破坏性迹象包括海蜇入侵数量的增加和加勒比地区马尾藻的迅速扩张。海水升温还与北美洲西海岸海星大量死亡、海带森林减少及 2019～2022 年的灰鲸"异常死亡事件"有关。

新研究预测了未来 10 年海洋生物多样性面临的主要问题。2022 年 7 月 7 日，《自然·生态与进化》（Nature Ecology & Evolution）刊登了一项由剑桥大学牵头，加利福尼亚大学、埃克塞特大学等机构研究人员参与的国际研究小组完成的新研究，研究人员编制了一份清单，列出了未来 5～10 年可能会对海洋和沿海生物多样性产生重大影响的 15 个问题，从深海中提取锂、对深海物种的过度捕捞及陆地野火对海洋生态系统的影响是亟待解决的问题[②]。在该研究中，研究人员采用了"地平线扫描"（horizon scanning）方法，旨在确定目前尚未得到广泛关注，但在未来 10 年会愈加重要的生物多样性问题，从而在这些问题对生物多样性产生重大影响之前加强认识并对其开展全面评估，进

---

① Avoiding ocean mass extinction from climate warming. https://www.science.org/doi/10.1126/science.abe9039.
② A global horizon scan of issues impacting marine and coastal biodiversity conservation. https://www.nature.com/articles/s41559-022-01812-0.

一步推动政策改变。该研究确定的问题涵盖 3 个方面。就生态系统的影响而言，该研究确定的问题包括：①野火对沿海和海洋生态系统的影响；②海岸污染；③海洋酸化引发的金属污染毒性加剧；④受气候变化引发的迁徙影响，赤道附近的海洋生物群落生物多样性下降；⑤气候变化导致鱼类营养含量改变。就资源利用而言，该研究确定的问题包括：①海洋胶原蛋白的待开发潜力及其对海洋生态系统的影响；②目标和非目标物种中鱼鳔交易增多产生的影响；③中层水域鱼类捕捞活动对海洋"生物碳泵"的影响；④从深海咸水池中提取锂。就新技术而言，该研究确定的问题包括：①海洋活动的协同定位；②漂浮海洋城市；③向绿色技术转型的全球趋势导致微量元素污染加剧；④研究非表层海洋生物的新型水下追踪系统；⑤用于海洋研究的软体机器人技术；⑥新型可生物降解材料在海洋环境中的作用。

第三节　未来发展态势

根据当前热点研究方向和海洋科技研究战略规划的未来布局，综合判断未来海洋科学研究将呈现以下态势。

（1）深海研究将持续成为国际海洋科学研究的前沿领域。深海面积广袤，占海洋总面积的 80%，拥有独一无二的生态系统，目前在认识深海方面仍存在巨大空白。深海采矿及其影响，包括锂在内的深海资源的开发、深海生物多样性探索、深海碳循环机制等问题将长期成为国际科学界有待探索的前沿问题。

（2）人工智能等新兴工具与传统海洋勘探和研究平台及技术的结合将成为未来的主要趋势之一。多个国家积极部署机器学习、人工智能等技术，从而大幅度提升海洋研究水平。目前，已经在利用人工智能识别微塑料、监测鱼类资源、监测北极海冰、监测地质灾害、处理数据方面取得了一些进展，未来将用于更多领域，从而助推海洋科学变革。

（3）海洋科学领域国际合作迈入新阶段。随着"日本基金-洋深度图 2030 年海底计划"等"海洋十年"旗舰计划的深入推进，国际合作进入前所未有的发展阶段。该计划旨在到 2030 年完成全球海洋的测绘，并将所有测深数据汇编成可免费获取的世界大洋深度图（GEBCO）海洋地图。得益于国际合作的广泛开展，截至 2022 年年底，该计划已完成 23.4% 的绘制。

第七章　崂山实验室专题分析

第一节　体制机制创新

崂山实验室是中央批准成立的突破型、引领型、平台型一体化的海洋领域新型科研机构，以重大战略任务目标为牵引，发挥集中力量办大事的科技创新新型举国体制优势，聚集国内外高端科技资源，打造体现国家意志、实现国家使命、代表国家水平的海洋领域战略科技力量。

第二节　科研体系建设

崂山实验室在中央科技委员会的领导下，按照科技部的有关工作部署，聚焦海洋强国建设重大战略需求，以重大任务为牵引，发挥海洋科技创新"总平台、总链长"作用，探索协同高效的项目组织管理模式。持续与驻青涉海单位深化协同发力，依托相关优势团队启动一批重点预研项目；与清华、北大等高校院所，华为、联通、科大讯飞等科技领军企业开展协同创新；与国内涉海优势力量谋划构建"核心＋基地＋网络"布局。

第三节　重大成果进展

一、海洋观测与探测

攻克了一批观探测水下无人装备核心技术，包括深海自持式剖面浮标、水下自主航行器等多款代表国际、国内先进水平的水下无人装备。

二、海洋生态与资源

紧扣海水化学、海洋生物和海洋大数据资源等关键工程科技问题及产业发展需要，推动海洋资源高值化可持续利用。初步建立了中国近海碳汇的评估指标体系，评估了中国近海-界面碳通量。

三、海洋系统科学与前沿交叉

围绕海洋与气候变化、生命起源、深部地球等重大全球性科学挑战，在气候变暖对台风、海洋热浪、全球东边界上升流系统、ENSO 的调控机制等方面取得了一批原创性、引领性的发现与成果，在 *Nature*、*Science* 及其子刊和 *PNAS* 上发表了一批高水平论文。

四、公共科研设施共享服务

新一代超算、全球规模最大的深远海科考船共享平台机制不断完善；推进海底科学观测网、冷泉生态系统等涉海大科学装置共建共享。

第四节　对外开放合作

一、学术交流平台

"鳌山论坛"是崂山实验室发起并搭建的高层次学术交流平台，旨在为海洋相关领域的科学家提供学术交流和自由讨论的宽松环境，以评述报告、专题演讲和交流讨论为主要方式，探讨海洋科学前沿和未来，研究发起大科学计划和项目等。2023年"鳌山论坛"举办了5期，有近1000人参加。

"深海舷窗"是崂山实验室发起的学术沙龙品牌，旨在推动学术交流研讨，营造活跃的学术氛围，拓宽科学视野，搭建多学科融合的交流平台。自2022年至2023年年底，采用线下与线上相结合的形式已举办100余期，累计参会21万余人次。

第19届CCF全国高性能计算学术年会以"算力互联·智领未来"为主题，举行11场特邀报告、6场产业报告、46场主题论坛、30余场特色活动，8位院士到会指导，近3000名行业专家参与。

二、全球海洋科技创新／全球海洋治理

组织举办2023年全球海洋院所领导人会议，助力构建海洋命运共同体。

三、党建科研融合互促

扎实开展主题教育，以定期集体学习和读书班为引领，建立常态化制度化学习机制；把党的政治建设摆在首位，严格落实"第一议题"制度；结合科研单位特点，创新性开展党性教育活动，制定创新举措清单；强化党风廉政建设，压实全面从严治党政治责任，营造风清气正的科研环境。

第八章　国家海洋创新指数评价理论与方法

第一节　国家海洋创新指数指标体系

一、国家海洋创新指数的内涵

国家海洋创新指数是指衡量一国海洋创新能力，切实反映一国海洋创新质量和效率的综合性指数。

国家海洋创新指数评价工作借鉴了国内外关于国家竞争力和创新评价等的理论与方法，基于创新型海洋强国的内涵分析，确定指标选择原则，从海洋创新环境、海洋创新资源、海洋知识创造和海洋创新绩效4个方面构建国家海洋创新指数指标体系，力求全面、客观、准确地反映我国海洋创新能力在创新链不同层面的特点，形成一套比较完整的指标体系和评价方法。通过指数测度，为综合评价创新型海洋强国建设进程、完善海洋创新政策提供技术支撑和咨询服务。

二、创新型海洋强国的内涵

建设海洋强国，急需推动海洋科技向创新引领型转变。国际历史经验表明，海洋科技发展是实现海洋强国的根本保障，应建立国家海洋创新评价指标体系，从战略高度审视我国海洋发展动态，强化海洋基础研究和人才团队建设，大力发展海洋科学技术，为经济社会各方面提供决策支持。

国家海洋创新指数评价有利于国家和地方政府及时掌握海洋科技发展战略实施进展及可能出现的问题，为进一步采取对策提供基本信息；有利于国际、国内公众了解我国海洋事业取得的进展、成就、发展趋势及存在的问题；有利于企业和投资者研判我国海洋领域的机遇与风险；有利于为从事海洋领域研究的学者和机构提供有关信息。

纵观我国海洋经济的发展历程，大体经历了3个阶段：资源依赖阶段、产业规模粗放扩张阶段和由量向质转变阶段。海洋科技的飞速发展，推动新型海洋产业规模不断发展扩大，成为海洋经济新的增长点。我国海域辽阔、海洋资源丰富，但是多年的粗放式发展使得资源环境问题日益突出，制约了海洋经济的进一步发展。因此，只有不断地进行海洋创新，才能促进海洋经济的健康发展，步入创新型海洋强国行列。

创新型海洋强国的最主要特征是国家海洋经济社会发展方式与传统的发展模式相比发生了根本的变化。创新型海洋强国的判别主要依据海洋经济增长是主要依靠要素（传统的海洋资源消耗和资本）投入来驱动，还是主要依靠以知识创造、传播和应用为标志的创新活动来驱动。

创新型海洋强国应具备4个方面的能力：①良好的海洋创新环境；②较高的海洋创新资源综合投入能力；③较高的海洋知识创造与扩散应用能力；④较高的海洋创新绩效影响表现能力。

三、指标选择原则

（1）评价思路体现海洋可持续发展思想。不仅要考虑海洋创新整体发展环境，还要考虑经济发展、知识成果的可持续性指标，兼顾指数的时间趋势。

（2）数据来源具有权威性。基本数据必须来源于公认的国家官方统计和调查。通过正规渠道定期搜集，确保基本数据的准确性、权威性、持续性和及时性。

（3）指标具有科学性、现实性和可扩展性。海洋创新指数与各分指数之间逻辑关系严密，分指数的每一个指标都能体现科学性和客观性思想，尽可能减少人为合成指标，各指标均有独特的宏观表征意义，定义相对宽泛，并非对应唯一狭义的数据，便于指标体系的扩展和调整。

（4）评价体系兼顾我国海洋区域特点。选取指标以相对指标为主，兼顾不同区域在海洋创新资源产出效率、创新活动规模和创新领域广度上的不同特点。

（5）纵向分析与横向比较相结合。既有纵向的历史发展轨迹回顾分析，又有横向的各沿海区域、各经济区、各经济圈比较和国际比较。

四、指标体系构建

创新是从创新概念提出到研发、知识产出再到商业化应用转化为经济效益的完整过程。海洋创新能力体现在海洋科技知识产生、流动和转化为经济效益的整个过程中。应该从海洋创新环境和创新资源的投入、知识创造与应用、绩效影响等整个创新链的主要环节来构建指标，评价国家海洋创新能力。

本报告采用综合指数评价方法，从创新过程选择分指数，确定了海洋创新环境、海洋创新资源、海洋知识创造和海洋创新绩效 4 个分指数；遵循指标的选取原则，选择 19 个指标（表 8-1），形成国家海洋创新指数指标体系（指标均为正向指标），再利用国家海洋创新综合指数及其指标体系对我国海洋创新能力进行综合分析、比较与判断。

表 8-1　国家海洋创新指数指标体系

综合指数	分指数	指标
国家海洋创新指数（A）	海洋创新环境（B_1）	1. 沿海地区人均海洋生产总值（C_1）
		2. R&D 经费中设备购置费所占比例（C_2）
		3. 海洋科研机构科技活动收入中政府资金所占比例（C_3）
		4. R&D 人员人均折合全时工作量（C_4）
	海洋创新资源（B_2）	5. 海洋研究与发展经费投入强度（C_5）
		6. 海洋研究与发展人力投入强度（C_6）
		7. R&D 人员中博士毕业人员占比（C_7）
		8. 科技活动人员占海洋科研机构从业人员的比例（C_8）
		9. 万名海洋科研人员承担的课题数（C_9）
	海洋知识创造（B_3）	10. 亿美元海洋经济产出的发明专利申请数（C_{10}）
		11. 万名 R&D 人员的发明专利授权数量（C_{11}）
		12. 本年出版科技著作种类数（C_{12}）
		13. 万名海洋科研人员发表的科技论文数（C_{13}）
		14. 国外发表的论文数占总论文数的比例（C_{14}）
	海洋创新绩效（B_4）	15. 海洋劳动生产率（C_{15}）
		16. 单位能耗的海洋经济产出（C_{16}）
		17. 海洋生产总值占国内生产总值的比例（C_{17}）
		18. 有效发明专利产出效率（C_{18}）
		19. 第三产业增加值占海洋生产总值的比例（C_{19}）

海洋创新环境：反映一个国家海洋创新活动所依赖的外部环境，主要包括相关海洋制度创新和环境创新。其中，制度创新的主体是政府等相关部门，主要体现在政府对创新的政策支持、对创新

的资金支持和知识产权管理等方面；环境创新主要指创新的配置能力、创新基础设施、创新基础经济水平、创新金融及文化环境等。

海洋创新资源：反映一个国家海洋创新活动的投入力度、创新型人才资源供给能力及创新所依赖的基础设施投入水平。创新投入是国家海洋创新活动的必要条件，包括科技资金投入和人才资源投入等。

海洋知识创造：反映一个国家的海洋科研产出能力和知识传播能力。海洋知识创造的形式多种多样，产生的效益也是多方面的，本报告主要从海洋发明专利和科技论文、科技著作等角度考虑海洋创新的知识积累效益。

海洋创新绩效：反映一个国家开展海洋创新活动所产生的效果和影响。海洋创新绩效分指数从国家海洋创新的效率和效果两个方面选取指标。

第二节　国家与区域海洋创新评价方法

一、国家海洋创新指数评价方法

国家海洋创新指数的计算方法采用国际上流行的标杆分析法，即国际竞争力评价采用的方法，其原理是：对被评价的对象给出一个基准值，并以该标准去衡量所有被评价的对象，从而发现彼此之间的差距，给出排序结果。

采用海洋创新评价指标体系中的指标，利用 2004～2022 年的指标数据，分别计算基准年之后各年的海洋创新指数及其分指数得分，与基准年比较即可看出国家海洋创新指数的增长情况。

设定 2004 年为基准年，基准值为 100。对国家海洋创新指数指标体系中 19 个指标的原始值进行标准化处理，具体计算公式为

$$C_j^t = \frac{100 x_j^t}{x_j^1}$$

式中，$j=1\sim19$，为指标序列编号；$t=1\sim19$，为 2004～2022 年编号；x_j^t 表示各年各项指标的原始数据值（x_j^1 表示 2004 年各项指标的原始数据值）；C_j^t 表示各年各项指标标准化处理后的值。

采用等权重[①]测算各年国家海洋创新指数分指数得分：

当 $i=1$ 时，$B_1^t = \sum_{j=1}^{4} \beta_1 C_j^t$，其中 $\beta_1 = \frac{1}{4}$

当 $i=2$ 时，$B_2^t = \sum_{j=5}^{9} \beta_2 C_j^t$，其中 $\beta_2 = \frac{1}{5}$

当 $i=3$ 时，$B_3^t = \sum_{j=10}^{14} \beta_3 C_j^t$，其中 $\beta_3 = \frac{1}{5}$

当 $i=4$ 时，$B_4^t = \sum_{j=15}^{19} \beta_4 C_j^t$，其中 $\beta_4 = \frac{1}{5}$

式中，$t=1\sim19$，为 2004～2022 年编号；B_1^t、B_2^t、B_3^t 和 B_4^t 分别代表各年海洋创新环境分指数、海

---

① 采用《国家海洋创新指数报告 2016》的权重选取方法，取等权重。

洋创新资源分指数、海洋知识创造分指数和海洋创新绩效分指数的得分。

采用等权重测算国家海洋创新指数得分，有

$$A^t = \sum_{i=1}^{4} \overline{\omega} B_i^t$$

式中，t=1～19，为2004～2022年编号；$\overline{\omega}$为权重（等权重为1/4）；A^t为各年的国家海洋创新指数得分。

二、区域海洋创新指数评价方法

1. 区域海洋创新指数指标体系说明

区域海洋创新指数由海洋创新环境、海洋创新资源、海洋知识创造和海洋创新绩效4个分指数构成。与国家海洋创新指数指标体系相比，区域海洋创新环境分指数中用"R&D人员折合全时工作量中研究人员所占比例"代替了"R&D人员人均折合全时工作量"；区域海洋创新资源分指数中用"科技人力资源培养水平"代替了"科技活动人员占海洋科研机构从业人员的比例"、"海洋科研人员承担的平均课题数"代替了"万名海洋科研人员承担的课题数"；区域海洋知识创造分指数中分别用"R&D人员的平均发明专利授权数量"和"人均发表科技论文数"代替了"万名R&D人员的发明专利授权数量"和"万名海洋科研人员发表的科技论文数"，用"百万元R&D经费的科技论文数"代替了"国外发表的论文数占总论文数的比例"；区域海洋创新绩效分指数中删去了"单位能耗的海洋经济产出""第三产业增加值占海洋生产总值的比例"和"有效发明专利产出效率"，用"人均主要海洋产业增加值"代替了"海洋生产总值占国内生产总值的比例"，增加了"海洋生产总值增长速度"和"单位能耗的经济产出"。

2. 原始数据归一化处理

对19个指标的原始值进行归一化处理。归一化处理是为了消除多指标综合评价中计量单位的差异和指标数值的数量级、相对数形式的差别，解决数据指标的可比性问题，使各指标处于同一数量级，便于进行综合对比分析。

指标数据处理采用直线型归一化方法，即

$$c_{ij} = \frac{y_{ij} - \min y_{ij}}{\max y_{ij} - \min y_{ij}}$$

式中，i=1～11，为我国11个沿海省（自治区、直辖市）序列号；j=1～19为指标序列号；y_{ij}表示各项指标的原始数据值；c_{ij}表示各项指标处理后的值。

3. 区域海洋创新分指数的计算

区域海洋创新环境分指数得分（b_1）：

$$b_1 = 100 \times \sum_{j=1}^{4} \phi_1 c_j，其中 \phi_1 = \frac{1}{4}$$

区域海洋创新资源分指数得分（b_2）：

$$b_2 = 100 \times \sum_{j=5}^{9} \phi_2 c_j，其中 \phi_2 = \frac{1}{5}$$

区域海洋知识创造分指数得分（b_3）：

$$b_3 = 100 \times \sum_{j=10}^{14} \phi_3 c_j , \quad \text{其中} \ \phi_3 = \frac{1}{5}$$

区域海洋创新绩效分指数得分（b_4）：

$$b_4 = 100 \times \sum_{j=15}^{18} \phi_4 c_j , \quad \text{其中} \ \phi_4 = \frac{1}{4}$$

式中，c_j 为各沿海省（自治区、直辖市）各项指标归一化处理后的值。

4. 区域海洋创新指数的计算

采用等权重（同国家海洋创新指数）测算区域海洋创新指数得分（a）：

$$a = \frac{1}{4}\left(b_1 + b_2 + b_3 + b_4\right)$$

第九章　政府工作报告涉海内容

第一节　《关于 2023 年国民经济和社会发展计划执行情况与 2024 年国民经济和社会发展计划草案的报告》

国家发展和改革委员会 2024 年 3 月 5 日在第十四届全国人民代表大会第二次会议上的《关于 2023 年国民经济和社会发展计划执行情况与 2024 年国民经济和社会发展计划草案的报告》，其中包含多处涉海内容。

一、第一部分"2023 年国民经济和社会发展计划执行情况"

（二）积极促消费扩投资，内需支撑作用明显增强。完善推进有效投资长效工作机制，强化用地、用海、用能、环评等要素保障，……西部陆海新通道、国家水网骨干工程等"十四五"规划 102 项重大工程以及其他经济社会发展重大项目取得重大进展。

（三）大力强化创新驱动，高水平科技自立自强成效明显。深入实施创新驱动发展战略，加快形成支持全面创新的基础制度，加强科技发展规划、改革、政策等顶层设计，国家创新体系整体效能持续提升。全社会研究与试验发展（R&D）经费投入 33 278.2 亿元，增长 8.1%，与国内生产总值之比达到 2.64%（图 9-1）；基础研究持续加强，基础研究经费投入占研发经费投入比例为 6.65%。

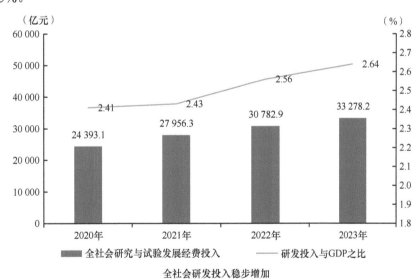

图 9-1　全社会研究与试验发展经费投入及研发投入与 GDP 之比

"奋斗者"号载人潜水器完成极限深潜。……国产首艘大型邮轮投入商业运营。全球首台 16 兆瓦海上风电机组并网发电，全球首座第四代核电站高温气冷堆示范工程投入商业运行。

（四）加快建设现代化产业体系，实体经济根基持续巩固壮大。长江等内河高等级航道和京津冀、长三角、粤港澳大湾区世界级港口群等重大项目加快建设。

专栏 3　重大基础设施项目建设进展情况

水运	• 长江中游武汉至安庆段 6 米深航道整治工程、长江下游江心洲至乌江河段航治工二期工程等项目基本建成。 • 小洋山北侧集装箱码头工程、深圳港盐田港区东作业区集装箱码头工程、海南洋浦区域国际集装箱枢纽港扩建工程，长江上游朝天门至涪陵河段航道整治工程等加快推进。 • 三峡水运新通道、长江中游荆江段航道整治二期工程等项目前期工作扎实推进。
机场	• 大连新机场开工建设，厦门新机场、呼和浩特新机场建设扎实推进，乌鲁木齐、西安、广州、重庆、哈尔滨、昆明、济南、西宁、福州、兰州、合肥、太原、长沙、武汉、南宁等枢纽机场改扩建工程稳步实施。 • 湖南湘西、河南安阳、四川阆中、山西朔州、西藏普兰等机场建成投运。
水利	• 一批重大水利工程实现重要节点目标。广西大藤峡水利枢纽、河南贾鲁河综合治理工程主体工程完工，黑龙江关门嘴子水库、贵州凤山水库入坝封顶，黑龙江阁山水库、浙江朱溪水库、海南天角潭水利枢纽下闸蓄水，甘肃引洮供水二期全线通水，青海蓄集峡水利枢纽、湖北碾盘山水利水电枢纽投产发电。 • 一批重大水利工程加快开工建设。湖北姚家平水利枢纽、四川凉山州米市水库、安徽凤凰山水库、北京城市副中心温潮减河工程、江西鄱阳湖康山蓄滞洪区安全建设等防洪工程，环北部湾广西水资源配置工程、河北雄安干渠、福建金门供水水源保障等供水工程，云南腾冲灌区等大型灌区工程开工建设。
西部陆海新通道	• 贵阳至南宁高速铁路、隆黄铁路叙永至毕节段建成通车，黄桶至百色铁路开工建设。 • 泉（泉州）南（南宁）高速（G72）桂林至柳州段改扩建、银（银川）百（百色）高速（G6911）巫溪至镇坪段等项目建成通车。贵（贵阳）北（北海）高速（G7522）贵阳至平塘（黔桂界）段开工建设。 • 钦州港大榄坪港区 9 号、10 号自动化码头工程建成投产，平陆运河加快建设。

（八）持续增强区域城乡发展新动能，发展的协调性稳步提升。东部地区发展质量和效益稳步提升，山东新旧动能转换进一步深化，支持福建探索海峡两岸融合发展新路、建设两岸融合发展示范区。海洋经济加快发展，现代海洋城市建设取得积极进展，海洋经济综合实力不断增强。

二、第三部分"2024 年国民经济和社会发展计划的主要任务"

（一）以科技创新引领现代化产业体系建设，加快形成新质生产力。高质量推进川藏铁路、西部陆海新通道等重大工程建设……扎实推进沿边、沿海、沿江等国家高速公路和国道未贯通路段及瓶颈路段建设……加快推进沪甬跨海通道前期工作。全面推进国家水网建设。加快发展新型基础设施。统筹推进海陆缆建设……

（五）有力有效推进乡村全面振兴，加快农业农村现代化。践行大农业观、大食物观，统筹利用耕地、林地、草原、江河湖海等资源，拓展农业生产空间，拓宽食物来源，构建多元化食物供给体系，把农业建设成为现代化大产业……支持深远海养殖和森林食品开发。

（六）扎实推动区域协调发展和新型城镇化建设，加快优化区域经济布局。支持福建探索海峡两岸融合发展新路，建设两岸融合发展示范区，加快平潭综合实验区建设。大力发展海洋经济，完善精细化用海管理机制，强化国家重大项目用海保障，积极参与国际海洋合作，推进建设海洋强国。

专栏 5　区域协调发展战略实施情况

海洋强国	我国首次成为世界最大船东国，沿海港口和自动化码头等规模保持世界第一，海上风电累计装机容量位居全球首位，近岸海域水质优良（一、二类）比例为 85%，上升 3.1 个百分点。
	出台船舶制造业绿色发展行动纲要、加快推进深远海养殖发展的意见、加快推进现代航运服务业高质量发展的指导意见等政策文件。加快建设海洋领域国家实验室。深入实施雪龙探极、蛟龙探海等重大工程。

第二节　近五年政府工作报告"涉海"内容

一、2024 年政府工作报告"涉海"内容

扩大高水平对外开放，促进互利共赢。主动对接高标准国际经贸规则，稳步扩大制度型开放，

增强国内国际两个市场两种资源联动效应，巩固外贸外资基本盘，培育国际经济合作和竞争新优势。……推动高质量共建"一带一路"走深走实。抓好支持高质量共建"一带一路"八项行动的落实落地。稳步推进重大项目合作，实施一批"小而美"民生项目，积极推动数字、绿色、创新、健康、文旅、减贫等领域合作。加快建设西部陆海新通道。

推动城乡融合和区域协调发展，大力优化经济布局。深入实施区域协调发展战略、区域重大战略、主体功能区战略，把推进新型城镇化和乡村全面振兴有机结合起来，加快构建优势互补、高质量发展的区域经济格局。

提高区域协调发展水平。充分发挥各地区比较优势，按照主体功能定位，积极融入和服务构建新发展格局。深入实施西部大开发、东北全面振兴、中部地区加快崛起、东部地区加快推进现代化等战略，提升东北和中西部地区承接产业转移能力。支持京津冀、长三角、粤港澳大湾区等经济发展优势地区更好发挥高质量发展动力源作用。抓好标志性项目在雄安新区落地建设。持续推进长江经济带高质量发展，推动黄河流域生态保护和高质量发展。支持革命老区、民族地区加快发展，加强边疆地区建设，统筹推进兴边富民行动。优化重大生产力布局，加强国家战略腹地建设。制定主体功能区优化实施规划，完善配套政策。大力发展海洋经济，建设海洋强国。

二、2023 年政府工作报告"涉海"内容

科技创新成果丰硕。构建新型举国体制，组建国家实验室，分批推进全国重点实验室重组。一些关键核心技术攻关取得新突破，载人航天、探月探火、深海深地探测、超级计算机、卫星导航、量子信息、核电技术、大飞机制造、人工智能、生物医药等领域创新成果不断涌现。全社会研发经费投入强度从 2.1% 提高到 2.5% 以上，科技进步贡献率提高到 60% 以上，创新支撑发展能力不断增强。

扩大国内有效需求，推进区域协调发展和新型城镇化。围绕构建新发展格局，立足超大规模市场优势，坚持实施扩大内需战略，培育更多经济增长动力源。

增强区域发展平衡性协调性。统筹推进西部大开发、东北全面振兴、中部地区崛起、东部率先发展，中西部地区经济增速总体高于东部地区。加大对革命老区、民族地区、边疆地区的支持力度，中央财政对相关地区转移支付资金比五年前增长 66.8%。推进京津冀协同发展、长江经济带发展、长三角一体化发展，推动黄河流域生态保护和高质量发展。高标准高质量建设雄安新区。发展海洋经济。支持经济困难地区发展，促进资源型地区转型发展，鼓励有条件地区更大发挥带动作用，推动形成更多新的增长极增长带。

加强生态环境保护，促进绿色低碳发展。坚持绿水青山就是金山银山的理念，健全生态文明制度体系，处理好发展和保护的关系，不断提升可持续发展能力。

加强污染治理和生态建设。坚持精准治污、科学治污、依法治污，深入推进污染防治攻坚。注重多污染物协同治理和区域联防联控，地级及以上城市空气质量优良天数比例达 86.5%、上升 4 个百分点。基本消除地级及以上城市黑臭水体，推进重要河湖、近岸海域污染防治。加大土壤污染风险防控和修复力度，强化固体废物和新污染物治理。全面划定耕地和永久基本农田保护红线、生态保护红线和城镇开发边界。坚持山水林田湖草沙一体化保护和系统治理，实施一批重大生态工程，全面推行河湖长制、林长制。推动共抓长江大保护，深入实施长江流域重点水域十年禁渔。加强生物多样性保护。完善生态保护补偿制度。森林覆盖率达到 24%，草原综合植被盖度和湿地保护率均达 50% 以上，水土流失、荒漠化、沙化土地面积分别净减少 10.6 万、3.8 万、3.3 万平方公里。人民群众越来越多享受到蓝天白云、绿水青山。

三、2022 年政府工作报告"涉海"内容

坚定实施扩大内需战略，推进区域协调发展和新型城镇化。畅通国民经济循环，打通生产、分配、流通、消费各环节，增强内需对经济增长的拉动力。

增强区域发展平衡性协调性。深入实施区域重大战略和区域协调发展战略。推进京津冀协同发展、长江经济带发展、粤港澳大湾区建设、长三角一体化发展、黄河流域生态保护和高质量发展，高标准高质量建设雄安新区，支持北京城市副中心建设。推动西部大开发形成新格局，推动东北振兴取得新突破，推动中部地区高质量发展，鼓励东部地区加快推进现代化，支持产业梯度转移和区域合作。支持革命老区、民族地区、边疆地区加快发展。发展海洋经济，建设海洋强国。经济大省要充分发挥优势，增强对全国发展的带动作用。经济困难地区要用好国家支持政策，挖掘自身潜力，努力促进经济恢复发展。

扩大高水平对外开放，推动外贸外资平稳发展。充分利用两个市场两种资源，不断拓展对外经贸合作，以高水平开放促进深层次改革、推动高质量发展。

高质量共建"一带一路"。坚持共商共建共享，巩固互联互通合作基础，稳步拓展合作新领域。推进西部陆海新通道建设。有序开展对外投资合作，有效防范海外风险。

持续改善生态环境，推动绿色低碳发展。加强污染治理和生态保护修复，处理好发展和减排关系，促进人与自然和谐共生。

加强生态环境综合治理。深入打好污染防治攻坚战。强化大气多污染物协同控制和区域协同治理，加大重要河湖、海湾污染整治力度，持续推进土壤污染防治。加强固体废物和新污染物治理，推行垃圾分类和减量化、资源化。完善节能节水、废旧物资循环利用等环保产业支持政策。加强生态环境分区管控，科学开展国土绿化，统筹山水林田湖草沙系统治理，保护生物多样性，推进以国家公园为主体的自然保护地体系建设，要让我们生活的家园更绿更美。

四、2021 年政府工作报告"涉海"内容

优化区域经济布局，促进区域协调发展。深入实施区域重大战略、区域协调发展战略、主体功能区战略，构建高质量发展的区域经济布局和国土空间支撑体系。扎实推动京津冀协同发展、长江经济带发展、粤港澳大湾区建设、长三角一体化发展、黄河流域生态保护和高质量发展，高标准、高质量建设雄安新区。推动西部大开发形成新格局，推动东北振兴取得新突破，促进中部地区加快崛起，鼓励东部地区加快推进现代化。推进成渝地区双城经济圈建设。支持革命老区、民族地区加快发展，加强边疆地区建设。积极拓展海洋经济发展空间。

加强污染防治和生态建设，持续提高环境质量。深入实施可持续发展战略，巩固蓝天、碧水、净土保卫战成果，促进生产生活方式绿色转型。

继续加大生态环境治理力度。强化大气污染综合治理和联防联控，加强细颗粒物和臭氧协同控制，北方地区清洁取暖率达到 70%。整治入河入海排污口和城市黑臭水体，提高城镇生活污水收集和园区工业废水处置能力，严格土壤污染源头防控，加强农业面源污染治理。继续严禁洋垃圾入境。有序推进城镇生活垃圾分类处置。推动快递包装绿色转型。加强危险废物医疗废物收集处理。研究制定生态保护补偿条例。落实长江十年禁渔，实施生物多样性保护重大工程，科学推进荒漠化、石漠化、水土流失综合治理，持续开展大规模国土绿化行动，保护海洋生态环境，推进生态系统保护和修复，让我们生活的家园拥有更多碧水蓝天。

五、2020 年政府工作报告"涉海"内容

实施扩大内需战略，推动经济发展方式加快转变。加快落实区域发展战略。继续推动西部大开发、东北全面振兴、中部地区崛起、东部率先发展。深入推进京津冀协同发展、粤港澳大湾区建设、长三角一体化发展。推进长江经济带共抓大保护。编制黄河流域生态保护和高质量发展规划纲要。推动成渝地区双城经济圈建设。促进革命老区、民族地区、边疆地区、贫困地区加快发展。发展海洋经济。

推进更高水平对外开放，稳住外贸外资基本盘。积极利用外资。大幅缩减外资准入负面清单，出台跨境服务贸易负面清单。……赋予自贸试验区更大改革开放自主权，在中西部地区增设自贸试验区、综合保税区，增加服务业扩大开放综合试点。加快海南自由贸易港建设。营造内外资企业一视同仁、公平竞争的市场环境。

高质量共建"一带一路"。坚持共商共建共享，遵循市场原则和国际通行规则，发挥企业主体作用，开展互惠互利合作。引导对外投资健康发展。

附　　录

附录一　国家海洋创新指数指标解释

C_1. 沿海地区人均海洋生产总值

按沿海地区人口平均的海洋生产总值，在一定程度上反映沿海地区人民的生活水平，可以衡量海洋生产力的增长情况和海洋创新活动所处的外部环境。

C_2. R&D 经费中设备购置费所占比例

海洋科研机构的 R&D 经费中设备购置费所占比例，反映海洋创新所需的硬件设备条件，在一定程度上反映海洋创新的硬环境。

C_3. 海洋科研机构科技活动收入中政府资金所占比例

该指标反映政府投资对海洋创新的促进作用及海洋创新所处的制度环境。

C_4. R&D 人员人均折合全时工作量

该指标反映一个国家海洋科技人力资源投入的工作量与全时工作能力。

C_5. 海洋研究与发展经费投入强度

海洋科研机构的 R&D 经费占国内海洋生产总值的比例，为国家海洋研发经费投入强度指标，反映国家海洋创新资金投入强度。

C_6. 海洋研究与发展人力投入强度

每万名涉海就业人员中的 R&D 人员数，反映一个国家创新人力资源的投入强度。

C_7. R&D 人员中博士毕业人员占比

海洋科研机构 R&D 人员中博士毕业人员所占比例，反映一个国家海洋科技活动的顶尖人才力量。

C_8. 科技活动人员占海洋科研机构从业人员的比例

海洋科研机构从业人员中科技活动人员所占比例，反映一个国家海洋创新活动科研力量的强度。

C_9. 万名海洋科研人员承担的课题数

平均每万名海洋科研人员承担的国内课题数，反映海洋科研人员从事创新活动的强度。

C_{10}. 亿美元海洋经济产出的发明专利申请数

一国海洋发明专利申请量除以海洋生产总值（以汇率折算的亿美元为单位）。该指标反映相对于经济产出的技术产出量和一个国家海洋创新活动的活跃程度。3 种专利（发明专利、实用新型专利和外观设计专利）中发明专利技术含量和价值最高，发明专利申请数可以反映一个国家海洋创新活动的活跃程度和自主创新能力。

C_{11}. 万名 R&D 人员的发明专利授权数量

海洋科研机构中平均每万名 R&D 人员的国内发明专利授权数量，反映一个国家的自主创新能力和技术创新能力。

C_{12}. 本年出版科技著作

经过正式出版部门编印出版的科技专著、大专院校教科书、科普著作。只统计本单位科技人员为第一作者的著作，同一书名计为一种著作，与书的发行量无关，反映一个国家海洋科学研究的产出能力。

C_{13}. 万名海洋科研人员发表的科技论文数

平均每万名海洋科研人员发表的科技论文数，反映科学研究的产出效率。

C_{14}. 国外发表的论文数占总论文数的比例

一国发表的海洋领域科技论文中，在国外发表的论文所占比例，可反映科技论文相关研究的国际化水平。

C_{15}. 海洋劳动生产率

采用涉海就业人员的人均海洋生产总值，反映海洋创新活动对海洋经济产出的作用。

C_{16}. 单位能耗的海洋经济产出

采用万吨标准煤能源消耗的海洋生产总值，用来测度海洋创新带来的减少资源消耗的效果，也反映一个国家海洋经济增长的集约化水平。

C_{17}. 海洋生产总值占国内生产总值的比例

该指标反映海洋经济对国民经济的贡献，用来测度海洋创新对海洋经济的推动作用。

C_{18}. 有效发明专利产出效率

采用单位 R&D 人员折合全时工作量的平均有效发明专利数，在一定程度上反映国家海洋有效发明专利的产出效率，可以衡量一国海洋创新产出绩效能力与海洋创新能力的高低。

C_{19}. 第三产业增加值占海洋生产总值的比例

按照海洋生产总值中第三产业增加值所占比例测算，反映海洋创新的产业结构优化程度，从生产能力和产业结构方面反映一国海洋创新的绩效水平。

附录二　编制说明

一、需求分析

创新驱动发展已经成为我国的国家发展战略，《中共中央关于全面深化改革若干重大问题的决定》明确提出要"建设国家创新体系"。海洋创新是建设创新型国家的关键领域，也是国家创新体系的重要组成部分。探索构建国家海洋创新指数，评价我国国家海洋创新能力，对海洋强国的建设意义重大。国家海洋创新评估系列报告编制的必要性主要表现在以下4个方面。

（一）全面摸清我国海洋创新家底的迫切需要

搜集海洋经济统计、科技统计和科技成果登记等海洋创新数据，全面摸清我国海洋创新家底，是客观分析我国国家海洋创新能力的基础。

（二）深入把握我国海洋创新发展趋势的客观需要

从海洋创新环境、海洋创新资源、海洋知识创造和海洋创新绩效4个方面，挖掘分析海洋创新数据，深入把握我国海洋创新发展趋势，以满足认清我国海洋创新路径与方式的客观需要。

（三）准确测算我国海洋创新重要指标的实际需要

对海洋创新重要指标进行测算和预测，切实反映我国海洋创新的质量和效率，为我国海洋创新政策的制定提供系列重要指标支撑。

（四）全面了解国际海洋创新发展态势的现实需要

分析国际海洋创新发展态势，从海洋领域产出的论文与专利等方面分析国际海洋创新在基础研究和技术研发层面上的发展态势，全面了解国际海洋创新发展态势，为我国海洋创新发展提供参考。

二、编制依据

（一）党的二十大报告

党的二十大报告明确提出"必须坚持守正创新""必须坚持创新是第一动力""加快实施创新驱动发展战略"，指出要"完善科技创新体系""坚持创新在我国现代化建设全局中的核心地位"，要做到"强化国家战略科技力量，优化配置创新资源""集聚力量进行原创性引领性科技攻关，坚决打赢关键核心技术攻坚战。"

（二）党的十九大报告

党的十九大报告明确提出要"加快建设创新型国家"，并指出"创新是引领发展的第一动力，是建设现代化经济体系的战略支撑""要瞄准世界科技前沿，强化基础研究""加强国家创新体系建设，强化战略科技力量""坚持陆海统筹，加快建设海洋强国"。

（三）十八届五中全会报告

十八届五中全会报告提出"必须把创新摆在国家发展全局的核心位置，不断推进理论创新、制度创新、科技创新、文化创新等各方面创新，让创新贯穿党和国家一切工作，让创新在全社会蔚然成风"。

（四）《国家创新驱动发展战略纲要》

中共中央、国务院 2016 年 5 月印发的《国家创新驱动发展战略纲要》指出"党的十八大提出实施创新驱动发展战略，强调科技创新是提高社会生产力和综合国力的战略支撑，必须摆在国家发展全局的核心位置。这是中央在新的发展阶段确立的立足全局、面向全球、聚焦关键、带动整体的国家重大发展战略"。

（五）《中华人民共和国国民经济和社会发展第十三个五年规划纲要》

《中华人民共和国国民经济和社会发展第十三个五年规划纲要》提出创新驱动主要指标，强化科技创新引领作用，并指出"把发展基点放在创新上，以科技创新为核心，以人才发展为支撑，推动科技创新与大众创业万众创新有机结合，塑造更多依靠创新驱动、更多发挥先发优势的引领型发展"。

（六）《推动共建丝绸之路经济带和 21 世纪海上丝绸之路的愿景与行动》

《推动共建丝绸之路经济带和 21 世纪海上丝绸之路的愿景与行动》提出"创新开放型经济体制机制，加大科技创新力度，形成参与和引领国际合作竞争新优势，成为'一带一路'特别是 21 世纪海上丝绸之路建设的排头兵和主力军"的发展思路。

（七）《中共中央关于全面深化改革若干重大问题的决定》

《中共中央关于全面深化改革若干重大问题的决定》明确提出要"建设国家创新体系"。

（八）《"十三五"国家科技创新规划》

《"十三五"国家科技创新规划》提出"'十三五'时期是全面建成小康社会和进入创新型国家行列的决胜阶段，是深入实施创新驱动发展战略、全面深化科技体制改革的关键时期，必须认真贯彻落实党中央、国务院决策部署，面向全球、立足全局，深刻认识并准确把握经济发展新常态的新要求和国内外科技创新的新趋势，系统谋划创新发展新路径，以科技创新为引领开拓发展新境界，加速迈进创新型国家行列，加快建设世界科技强国"。

《"十三五"国家科技创新规划》指出创新是引领发展的第一动力。该规划从六方面对科技创新进行了重点部署，以深入实施创新驱动发展战略、支撑供给侧结构性改革。该规划提出，到 2020 年，我国国家综合创新能力世界排名要从 2015 年的第 18 位提升到第 15 位；科技进步贡献率要从 2015 年的 55.3% 提高到 60%；研究与试验发展经费投入强度要从 2.1% 提高到 2.5%。

（九）《海洋科技创新总体规划》

《海洋科技创新总体规划》战略研究首次工作会上提出要"围绕'总体'和'创新'做好海洋战略研究""要认清创新路径和方式，评估好'家底'"。

（十）《"十三五"海洋领域科技创新专项规划》

《"十三五"海洋领域科技创新专项规划》明确提出"进一步建设完善国家海洋科技创新体系，

提升我国海洋科技创新能力，显著增强科技创新对提高海洋产业发展的支撑作用"。

（十一）《全国海洋经济发展规划纲要》

《全国海洋经济发展规划纲要》提出要"逐步把我国建设成为海洋强国"。

（十二）《全国科技兴海规划（2016—2020 年）》

《全国科技兴海规划（2016—2020 年）》提出，"到 2020 年，形成有利于创新驱动发展的科技兴海长效机制，构建起链式布局、优势互补、协同创新、集聚转化的海洋科技成果转移转化体系。海洋科技引领海洋生物医药与制品、海洋高端装备制造、海水淡化与综合利用等产业持续壮大的能力显著增强，培育海洋新材料、海洋环境保护、现代海洋服务等新兴产业的能力不断加强，支撑海洋综合管理和公益服务的能力明显提升。海洋科技成果转化率超过 55%，海洋科技进步对海洋经济增长贡献率超过 60%，发明专利拥有量年均增速达到 20%，海洋高端装备自给率达到 50%。基本形成海洋经济和海洋事业互动互进、融合发展的局面，为海洋强国建设和我国进入创新型国家行列奠定坚实基础"。

（十三）《国家中长期科学和技术发展规划纲要（2006—2020 年）》

《国家中长期科学和技术发展规划纲要（2006—2020 年）》提出，要"把提高自主创新能力作为调整经济结构、转变增长方式、提高国家竞争力的中心环节，把建设创新型国家作为面向未来的重大战略选择"，并指出今后 15 年科技工作的指导方针是"自主创新，重点跨越，支撑发展，引领未来"，强调要"全面推进中国特色国家创新体系建设，大幅度提高国家自主创新能力"。

（十四）《中华人民共和国国民经济和社会发展第十四个五年规划和 2035 年远景目标纲要》

《中华人民共和国国民经济和社会发展第十四个五年规划和 2035 年远景目标纲要》第七章提出"完善科技创新体制机制"。第三十三章提出"积极拓展海洋经济发展空间"，要"坚持陆海统筹、人海和谐、合作共赢，协同推进海洋生态保护、海洋经济发展和海洋权益维护，加快建设海洋强国"。第四十一章提出"推进实施共建'一带一路'科技创新行动计划，建设数字丝绸之路、创新丝绸之路。加强应对气候变化、海洋合作、野生动物保护、荒漠化防治等交流合作，推动建设绿色丝绸之路"。

（十五）习近平总书记 2018 年 6 月考察青岛海洋科学与技术试点国家实验室的讲话

习近平总书记 2018 年 6 月 12 日考察青岛海洋科学与技术试点国家实验室时指出"建设海洋强国，我一直有这样一个信念。发展海洋经济、海洋科研是推动我们强国战略很重要的一个方面，一定要抓好。关键的技术要靠我们自主来研发，海洋经济的发展前途无量""海洋经济、海洋科技将来是一个重要主攻方向，从陆域到海域都有我们未知的领域，有很大的潜力"。

参考文献

[1] 谷伟光. 对我国国产化率概念界定思考 [J]. 天津职业院校联合学报, 2011, 13(3): 87-89.

[2] 吴平平, 陈峰. 海洋工程装备关键技术和支撑技术分析 [J]. 机电工程技术, 2019, 48(7): 50-51.

[3] 王妍妍, 时光慧等. 2022 年中国海洋经济统计公报 [M]. 北京: 自然资源部, 2023: 501-502.

[4] 工信部装备工业司.《中国制造 2025》解读之: 推动海洋工程装备及高技术船舶发展 [EB]. (2016-05-12)[2023-10-09].
    https://www.gov.cn/zhuanti/2016-05/12/content_5072766.htm?eqid=881742b9000063100000002647e7d60.

[5] 郭静. 我国海洋工程装备制造业产业发展和布局研究 [D]. 大连: 辽宁师范大学, 2012.

[6] 吕龙德, 李敏菲. 从区域分布看中国海工 [J]. 广东造船, 2015, 34(1): 10-12.

[7] 教育部, 人力资源和社会保障部, 工业和信息化部. 制造业人才发展规划指南 [EB]. (2017-02-24)[2023-10-11].
    https://www.miit.gov.cn/zwgk/zcwj/wjfb/zh/art/2020/art_ee8da19162f744da9a064c0a09339888.html.

[8] 符妃. 我国海洋工程装备发展现状及对策研究 [J]. 中国设备工程, 2020, (13): 213-214.

[9] 杜利楠, 姜昳芃. 我国海洋工程装备制造业的发展对策研究 [J]. 海洋开发与管理, 2013, 30(3): 1-6.

[10] 盛朝迅. 新时代推动海洋制造业高质量发展的思路与对策 [J]. 经济纵横, 2023, (5): 38-49.